Guide to
Analysing Companies

如何分析一家公司

經濟學人教你評估企業價值

Bob Vause 鮑伯‧沃斯——著　　林聰毅——譯

財信出版

【目錄】

推薦序

　　身為現代人，苦惱與興奮無疑是混雜的。一方面苦惱著許多傳統的工作機會流失，一方面又興奮的發現許多新的創業或投資機會。個人收入來源趨多元化，從工作薪資、房地產投資、金融證券投資，甚至創業當老闆也漸成為許多人收入的重要來源。

　　但是隔行如隔山！對許多跨出工程、技術等領域的專業人士而言，要在短時間內充實自己的財經知識，瞭解自己所經營或所投資企業的財務狀況，甚至進行診斷，提出對策等，常會感覺市面上的財經專書內容繁多，意義不容易體會與掌握，有如一座高山擋住去路般，因此對有心一窺廟堂之美的讀者形成沈重的壓力。

　　在我看完這本由鮑伯・沃斯所著，林聰毅先生所譯的《如何分析一家公司》後，我發現此書有幾個特點值得提出來給讀者參考：

一、內容完整：對於有興趣或有需要分析公司經營狀況的讀者而言，可以放心的確認一件事情，此書的內容是完整的，沒有疏漏，也沒有偏誤。看完此書已經能掌握財務分析的精髓與方法。

二、鋪陳簡潔有條理：有些作者，會不自覺的重複或闡釋過度
　　一些觀念，以致造成書的份量增加，雖有強化說明的效
　　果，但是對讀者而言，反而容易因此迷失或是失去焦點。
　　但是此書的作者，很清楚的架構了此書的內容，而後堅定
　　且明確的將各個環節說明及簡單闡述，節奏明快，內容陳
　　述能適可而止，使讀者能加快速度閱讀此書，不至於陷在
　　某些環節而出不來。

三、觀點正確符合學理：財務學術圈子，有很多重要但是對圈
　　外的人難以明瞭的理論，若沒有嚴謹的學術基礎，有時容
　　易錯誤解釋或錯誤應用這些觀念。此書的內容顯示作者的
　　理論素養是充足與正確的，因此讀者大可安心的接受此書
　　的觀點，而不用去猜測是否有錯誤的問題，而可以將時間
　　用在體會書中的觀點與應用上。

四、寫作風格有典型的英式幽默：內容嚴肅，但語氣輕鬆，有
　　時還帶點調侃的味道，使讀者能在輕鬆中，又注意到一些
　　重要觀點。

　　此書雖有些小瑕疵，例如最後一篇只有一章，且沒有以一
個具體實例來說明此書所介紹的分析方法，讓讀者有更真實的
演練經驗。但整體而言，仍然有相當的優點值得欲跨入「分析
企業」的非財務專業領域的人士閱讀參考。因此樂為其撰文推
薦！

交通大學科技管理研究所
洪志洋，2010 年 4 月 17 日

前言

　　本書的目的是使讀者了解如何從各種可利用資訊來分析和評估一家公司的營運績效及財務狀況。財務分析既是藝術也是一門科學。結合年報裡的兩個數字就會產生一項比率；真正的技巧在於決定要採用哪些數據、在哪裡才能找到，以及如何判斷結果。

　　在嘗試分析一家公司之前，必須完整掌握金融專業術語與內容呈現方式。本書第一篇在於解釋出現在公司年度報告上主要財務報表的內容與意圖，例如：資產負債表（balance sheet）、損益表（income statement，獲利與虧損帳目），以及現金流量表（cash flow statement）。

　　所有國家與公司在編製財務報表時都會採用基本的會計架構，只是呈現方式不完全放諸四海皆準。本書第一篇綱要也許需做若干調整，但仍適用於大多數國家與公司的狀況。主要是參考適當的國際財務報告準則（IFRS），但本書無意詳細詮釋其應用，在看完本書後，這也許是個你可以進一步鑽研的領域。

　　本書所列舉的範例儘可能簡單明瞭，以便強調或強化本文主題。在掌握基本理論與實務後，進行更詳細且複雜的分析應

不成問題。大體而言，本書所列舉的範例主要集中在零售、服務及製造等企業，而非銀行和其他金融服務公司，後者有另一套法律與財報規範（在準備出本書第五版時，適逢2008年金融危機災情最慘重期間，這證明是個意外收穫）。

　　本書第二篇將從各個不同角度剖析公司的營運績效與財務狀況，主要採用三大基本規則：一、切勿根據一個年度的數據來評量一家公司的營運績效，通常要看三個年度，最理想是五個年度的數據。二、絕對不要單獨評斷一家公司，通常要與規模相當、營業項目相同，或是與同一國家內的其他公司做比較。三、在比較公司的營運狀況時，務必要確定（或儘可能確定），你是在相同的情況下做比較──換言之，資料分析的依據，須有其一致性。

　　當今成功企業組織的整體管理，是由獲利（profit）與財務（finance）兩要素交織而成，它們也提供了分析一家公司營運狀況的基礎。這兩大要素同等重要，缺一不可，而且相輔相成。分析一家公司的獲利能力而不參考其財務狀況，等同於沒有價值；同理，鉅細靡遺分析一家公司的財務結構卻不參考其營運績效，根本就是無濟於事。

　　公司最常見的目標是達到某種水準的必要獲利，以滿足股東的要求──增加股東的投資價值。公司若沒有獲利，就不會有股利，股價也不會上漲，當然也不會對未來的成長及發展再砸錢投資。本書的精華所在是聚焦於找出與計算獲利能力（profitability）的各種方法。股東價值不僅是年度盈餘，而且並非所有資料皆能加以量化。在決定一家公司的股價時，未

來績效的展望猶勝於以往的表現——可能可以做爲衡量股東滿意度的最佳指標。本書第五章針對一些實務分析，提出若干指引。

完成一家公司的營運分析後，第三篇的表格提供一些參考基準（benchmark），可用以檢驗和比較第二篇所列舉的比率。這有助於強化財務分析的最後一課：比較。製作一系列比率（ratio）有助於點出一家公司營運績效的趨勢，但無法做爲績效好、壞或是無關緊要的指標。只能以前述的三大原則決定一家公司的營運績效。

1990年代和2007年開始的金融危機給予世人的重要教訓是，只有在絕對確定了解此行業及所屬產業的情況下，才能投資這家公司。要是你不知道公司的獲利從何而來，切勿貿然投資。然而很多情況顯示，不是你沒有分析能力，而是經營公司的人在搞鬼。編製及呈現財務報表時，是否採用一套以規則或原理爲依據的制度？這個問題顯然早有答案。現今財務報表是按照一套主要以多項準則爲依據的會計標準在運作，而這套會計標準也是其他指南及專業審計業者須奉爲圭臬者。國際會計準則理事會（IASB）的主要目標——「依據公益發展一套優質、易懂，而且可行的全球會計標準」即將要達成目標。美國所有上市公司可能在2014年以前適用國際財務報告準則。

儘管最近一些變化致使若干會計和財報專業術語的重要性改變，但維持不變的依舊很多。在閱讀一家公司的帳目時，了解「認列」（recognition）、「公平價值」（fair value）、「現值」（present value）、「忠實呈現」（faithful representation）等專有名

詞的意義是很重要的。本書目的不在提供一套精密的編製財務報表工具，而是使讀者在使用年度報告的資訊時更具信心。本書儘可能以輕快筆調撰寫，且無意要讀者從頭看到尾——適當涉獵即可。假如你發現有某一章節很難讀下去——請略過繼續往下看；因為看不懂是作者的錯，不是讀者的問題。

　　企業從人的身上獲得動能，公司營運活動的財務分析是一門藝術，藝術與人的結合應該很有意思；假如本書讀來乏味，不妨留給喜歡的人看。

第一篇

掌握基本訊息

第一章

年度報告及其構成基礎

　　公司的年度報告很複雜而且難以解讀——有時是刻意這樣做。究其原因是法律、法令、規章、會計準則，以及實務規範日漸精細與繁複。1996年德勤全球（Deloitte Touche Tohmatsu）估計，公司的年度報告每份平均約有45頁，到了2007年已增至89頁。而今一家上市公司發布的訊息動輒超過140頁。每當發生公司舞弊或不當管理事件，或是一場嚴重的經濟危機，審計人員及公司董事就會承受改變其角色、任務及責任的壓力；不然就是承受揭露更多或更詳細資訊的壓力。

　　公司年度報告的重頭戲是財務報表（財報）。根據國際會計準則第1號的定義，一份完整的財報須包含：

- 資產負債表；
- 損益表；
- 權益變動表；
- 現金流量表；
- 涵蓋會計政策內容的附註。

再由會計政策報告及其他解釋性訊息加以補充說明。

一份典型的公司年度報告包括：

- 財務摘要；
- 董事長報告；
- 執行長的業務檢討；
- 營運及財務檢討；
- 董事會報告（管理階層的討論與分析）；
- 公司治理報告；
- 薪酬報告；
- 審計委員會報告；
- 會計政策報告；
- 審計人員報告；
- 財務報表；
- 部門訊息（segmental information）；
- 五年來紀錄；
- 股東訊息；
- 財報附註（notes to financial statements）。

年度報告也將會有前一年的比較數字。公司會盡量額外提供它認為合適的資料、照片、圖表，以及曲線圖。在今日，符合環保的年度報告日漸普遍，有很多年度報告動輒超過100頁以上，企業常會面臨抉擇，到底須在年度報告裡提供多詳盡的資訊；年度報告的時效也很重要，假如耗費太多時間蒐集資訊，這份報告可能失去適切性；假若蒐集資訊的成本大於提供年報的利益，就不符成本效益。

　　想要有效率地閱讀與使用年度報告，需要對財務會計的廣泛理論及架構稍有涉獵，但無需精通複式簿記（double entry bookkeeping，或稱複式記帳法）的技巧。一家上市公司同時遭遇借貸麻煩，是件極度不尋常的事，簿記過程理當有一份記載餘額項目的資產負債表。不過，在評估一家公司的營運狀況時，有些背景可能很有用。

複式簿記

　　義大利宣稱是第一個採用複式簿記的歐洲國家，帕西歐里（Luca Pacioli）被譽為第一位發表複式簿記的人，他在1494年寫了《計算與記錄要論》（*De Computis et Scripturis*，亦有譯為簿記論）。他是一名四處遊歷的數學老師、失敗的賭徒，最後在一家修道院終老一生，除此之外，外界對他的生平知之甚少。他的著作包括首次在義大利採用的複式簿記（借與貸）系統內容。

　　根據這套複式簿記系統，每筆交易都至少記入帳簿上兩次，也就是交易的結果至少會被分別記錄在借方和貸方的帳戶上，通常借方項目記在左欄、貸方項目記在右欄，且該筆交易的借貸雙方總和要相等。這保證在會計年度結束時，可以製成一份損益表（獲利及虧損帳戶），揭露該年度的盈或虧，以及一份資產（借方餘額）與負債（貸方餘額）相當的資產負債表。法國在1673年立法規定企業須準備一份年度的資產負債表。一直到了工業革命，簿記和財務報表才在歐洲獲得真正動力。

誰公布帳目？

每家企業都須準備一份會計帳冊以因應其應繳稅負，即便是慈善或免稅機構也不能例外，仍須準備帳冊，以供對其活動有興趣者評估其營運與資產管理的適當性與公正性。所有公營或國有企業也都要製作與公布會計帳目，並且公布給政府與民眾知悉。

舉凡有邀請公眾參與的公司，都須公布一份包含財報（帳目）在內的年度報告。其他有限責任的公司每年也須將會計帳目送交稅務主管機關，並加以申報，如此才能使它們接受公眾監督。

有限責任

大多數貿易公司都是有限責任，這套制度是在1860年代引進，旨在保護股東免遭公司債權人的追討。透過購買股票及股權提供公司資金的股東們，無須再拿出更多錢給公司或公司的債權人，例如，在以1美元買下1股（或1單位股權）後，股東便無須再掏更多錢出來。萬一公司倒閉，這些股東頂多損失所投資的1美元，他們的責任僅限定在此金額。

私人與上市公司

公開股份有限公司或上市公司，其股票可以在證券交易所買賣；私人公司則不能將股票賣給一般大眾，因此所適用的保護及申報條件，也與公開股份或股票交易的上市公司截然不同。

所有權與經營權

　　私人公司的股東經常直接參與公司的經營管理，常見的情況是家族成員擔任公司董事。而公開股份公司的股東直接參與公司經營方向的可能性較低。公開股份公司的經營階層（董事與經理人）通常與公司所有權人（股東們）清楚區隔開來，公司董事扮演股東投資的管理人，而且每年都須召集會議報告他們的經營管理成果及公司的財務狀況。在年度股東大會上，董事會須向股東提出年度報告和會計帳目。

　　在英國，公開有限公司（PLC）所發布的訊息須比私人公司多；在歐陸與美國，其差別反映在其他地方。公開有限公司中的公開（Public）係指股本的規模，所以一家公開有限公司的股票不必然在股票市場上市。一般來說，公開有限公司通常會在會計年度結束的幾星期內提出一份公司當年財務表現的初步報告，之後很快就會發布正式的年度報告。至於私人企業經常會在年度結束後拖上一段時間才會公布帳目。

綜合帳目

　　假如一家公司（母公司）在其他公司、子公司有控股權益，則須準備綜合帳目（consolidated accounts）或集團總帳目，這些帳目涵蓋了集團旗下所有公司的全部活動，加以彙整編製成綜合財務報表、損益表、資產負債表，以及現金流量表等資料內容。自1900年代以來，美國與英國企業都須公布集團帳目。第七號歐洲協調指令（The Seventh Directive on

European harmonisation）規範集團帳目問題，而且自1970年以來對所有歐盟企業均具有強制力。國際財務報告準則第3號規範公司合併，國際會計準則第27號規範企業合併與合併財務報表。綜合帳目的目標是要確保企業集團內的股東及其他利害關係人，有充分的資訊評估公司的營運及財務狀況。

除了合併的資產負債表外，英國公司還須提供一份資產負債表給母公司，雖然經常被放在年度報告附件的附註。在美國並不要求提供母公司的資產負債表。

少數股東權益

母公司在子公司的持股若未達100%，子公司的財報上須另外呈現外部或少數股東權益（Minority interests，母公司以外的人在子公司的持股比例）。當公司的股東呈金字塔結構，難免可能會產生所有權與控制權的辨識問題。

集團內部的所有交易均須加以刪除，才能避免獲利重複計算，因此只有來自與公司集團以外客戶交易的營收，才能編列在損益表上。不過，集團內部之間交易所產生的獲利，則須記錄少數股東權益所分得的比例，其餘則歸母公司所有。

子公司的明細

企業集團的年度報告應涵蓋所有子公司的完整細節，舉凡公司名稱、營業項目、營業地點，以及母公司持有的投票權比重或其他股份比例，都應加以揭露。假如在當年度期間子公司被賣掉或處分，應在帳目附註欄上的停止營業項目，記載詳細

資料。處分子公司的利得或虧損，也應個別揭露。

年度報告之目的

年度報告的主要目的是為滿足現在與未來可能股東的資訊需求。財務報表的提供不但可以協助和支持決策，並可提供評估董事會管理公司股東投資的績效。財務報表不僅是歷史回顧，也在幫助使用者預測未來現金流量的時間點、本質及各種風險。使用者應會發現年度報告是可以看得懂、可以比較、具可信度，而且是有意義的。一位國際會計準則委員會（IASC）的前任主席在解釋會計準則的目的時指出：「在這個快速全球化的世界裡，只有以同樣方法將相同的經濟交易記入帳目，才有意義。」

架構

1980年代發展出的「財務報表的編製與報列架構」（Framework for the Preparation and Presentation of Financial Statements，簡稱為「架構」），做為公司編製各種報告的基礎。在2001年，這個架構被國際會計準則理事會採用，做為發展會計準則——國際財務報告準則（IFRS）的工作基礎。企業及其審計人員以國際財務報告準則做為編製及列報財務報表的指南。「財務報表的編製與報列架構」首次提出「資產」、「收益」及「費用」的定義，並成為未來國際財務報告準則所使用的各項原則。

「財務報表的編製與報列架構」不是一項會計準則，而是做為所有國際財務報告準則的基本參考點。這減輕了個別會計準則須重申定義、原則或假設的負擔，同時也界定了財報的目標，不僅是為了股東，也是為了：提供公司財務狀況、績效及財務狀況變動等資訊，對使用者在做經濟決定時非常有用處。

資產負債表及現金流量表是公司財務狀況資訊的主要來源。績效的評量焦點將放在損益表及權益變動表。年度報告是一份重要的文件，不僅涵蓋法定的財務報表、各種報表、各種附註說明，以及經營報告，還包括公司想揭露的任何其他事項。它是董事會提供股東的正式報告，說明該年度公司的營運績效，以及在年度結束時的財務狀況，年度報告也扮演重要的公關角色。

一家上市公司可能有數以萬計的股東，雖然只有數百人可能出席年度股東大會。管理階層在這個場合正式向股東報告各種帳目，股東們也會拿到一份年度報告影本。編製這份年度報告經常須輔以視聽資料及網際網路存取等資源，因此也是所費不貲；一家上市公司編製及發布年度報告的費用通常在50萬至100萬美元。

誰使用年度報告？

拿到年度報告

要拿到年報，最簡單的方法是上這家公司的網站——在搜尋引擎上鍵入該公司的名稱。所有上市公司都會有年報資

料，通常是獨立的「投資人關係」區，裡面有公司的財務訊息。你將會收到一份年報紙本，或是在公司網站下載整份年報或部分你想知道的內容。也有一些機構提供年報的紙本或檔案下載，在英國，《金融時報》（年報服務區）在www.ft.com/annualreports提供一項友善使用者的服務。

公司的年度報告是向政府主管機關申報，在英國是向「公司登記局」（Companies House）；2005年申報的帳目有143萬件，其中只有112件入錯帳。在美國，上市公司使用「電子數據收集、分析及檢索系統」（Edgar, www.sec.gov/edgar.shtml），向證券管理委員會（SEC）申報財報和其他必要資訊，Edgar這個資料庫網站免費提供所有這類資訊的存取服務。

所有在美國的上市公司都會向證管會提交一份10-k報告，包含詳細的財產及財務資訊。這類報告可以透過公司網站或利用證管會的Edgar網站取得。

股東及其顧問

公司股東的種類很多，包括持有若干股票的個人和持有為數龐大股份的機構投資人，如果認為兩者對公司訊息的要求相同，那就大錯特錯了。一份年度報告要同時滿足財務顧問、證券分析師及股東等人的要求，困難度非常高。

股東持有公司股份，並藉由年度報告了解公司董事會在過去一年如何管理他們的投資。在正常情況下，買進並持有股票的目的是看好公司未來的獲利及資本成長。年度報告提供評量過去趨勢的基礎，但股東最關切的是股利水準，可能也想要看

到未來的資本成長。在評量時，將檢視第二篇所提到的各種計量工具，包括股利覆蓋率（dividend cover，或股利率）、報酬率，以及負債權益比（debt/equity ratio, DER）等。

　　股東顧問、分析與預測公司營運績效的分析師及產業專家，都會檢視所有評量工具，並密切關注投資這家公司的各種潛在風險指標。

股東及權力

　　在典型的上市公司，絕大多數股東（可能占總股東人數的六至八成）總共持有不到10%的發行股數。大部分股票——實際上掌控公司主權——幾乎都落在一群法人股東的手上，這些股東通常只有數百個，包括保險公司、信託及退休基金、銀行、私募股權基金，以及其他金融機構。當一群法人股東聚集一起與公司周旋，他們所握有的權力令人敬畏，大到連最專制的執行長或董事長都不敢忽視。董事會對這些股東的意見言聽計從，並且設法滿足他們。由於法人股東掌控大半股權，加上他們掌握豐富資訊，消息靈通，以及專精財務分析，通常比小股東更了解公司的營運狀況及相關訊息。

放款人及債權人

　　放款人——提供公司長、短期融資的放款人，除銀行、其他機構及富有個人外，也包括以信用條件提供貨物、勞務給公司的供應商。他們有強烈的誘因評估公司的績效，以確定業務往來的公司會按時支付借款利息，以及在到期日當天可以償還

貸款。因此他們比較關注公司創造獲利與現金流量的能力，以及評估公司的變現、清償和槓桿操作的能力（參閱第八、九兩章）。這些放款人（尤其是供應商）在評估時經常會仰賴專業的信評機構，這類機構會仔細審視及監督客戶的營運表現。

　　一家公司的信用評等可以從最高等級（AAA）、普通（BBB）、不穩定（BB）、目前很脆弱（CCC）到最後的破產（C）。不過在恩龍公司（Enron）倒閉的前幾個月，標準普爾公司（Standard and Poor）給予該公司最高等級的債信評等。2007年開始的金融危機，也進一步重創信評機構的聲譽。2008年國際證券監理機構組織（IOSCO）發布一套信評機構的自律行為準則。

員工和工會

　　員工及其顧問或代表，可藉助年度報告以評估公司是否有能力繼續提供工作與支付員工薪水。

　　員工翻閱年度報告時，通常不會馬上去看董事薪酬的資料，而是對某些特定環節最感興趣，例如自己服務的業務部門、工廠及課、處等單位。證據顯示，員工們對公司的整體營運較缺乏直接興趣或感情。一般來說，員工閱讀年度報告的能力較弱也較看不懂，造成公司溝通上的困難。因此，近年來發現有愈來愈多公司另外為員工準備一份報告、簡報，或是可以提供重要紀事且簡單易懂的影音報告。員工及其他任何人也可利用網際網路進入公司網站，查閱公司的相關資訊。

政府及稅務員

政府可能會利用公司的年度報告，以及向主管機關申報的訊息來進行統計分析。公司和個人稅負通常是根據年度報告的會計盈餘（accounting profit）報表來課徵；不過在大多數國家，公司的稅負並非以年度報告為課徵依據，而是依據另一套課稅專用、且經稅務主管機關同意的帳目及計算方式。但德國例外，境內公司的稅負是依據公開的帳目訂定，因此，德國企業將偏愛在損益表中低報盈餘，以及在財務報表裡低估資產和高估稅負。

其他使用者

公司的客戶希望運用年度報告的資料，以尋求與他們簽約的公司能長期履約的保障。這對某些交易尤為重要，包括長達數年的大型營建工程、建置複雜管理資訊系統，或是產品及服務的供應，在未來能持續交付與維持品質。一家主要供應商的倒閉，可能是因為客戶長期積欠龐大帳款所造成。一般大眾也會對公司的年報感興趣，他們可能對該公司的產品或服務、當地的投資及活動感興趣，或是考慮受雇於該公司。

企業角色

公司是一個區隔經理人與所有權人的法律實體，可以像自然人一樣訂定契約、控告或被告。公司要像自然人一樣準備財報。為了法律與會計目的，公司擁有資產並承受債務，公司的

淨值（淨資產）是它欠股東的金額。公司在停止存續之前的最後一項行爲是返還股東淨資產，假如還有剩餘的話。

觀念架構

在閱讀年度報告之前，應該先了解編製這些帳目的基本原則。財務會計與會計報表是參考一些假設、概念、原理、慣例、要素，以及規則而決定的。這些要素經多年演化發展，再佐以實務經驗後，成爲編製財務報表的基本架構，而且適用於所有國家與公司。

財會人員，特別是審計人員，須被訓練成具備以下特質：

- 細心（Careful）；
- 謹慎（Cautious）；
- 保守（Conservative）；
- 一貫性（Consistent）；
- 正確（Correct）；
- 負責盡職（Conscientious）。

這六個C顯然對編製與提呈年度報告至爲關鍵。國際會計準則理事會架構提出兩個根本假設：持續經營（going concern）和應計項目（accrual）。

持續經營

財務報告在年度結束編製時，是假定這家公司在可預見未

來會繼續營運。換言之，這就是所謂的持續經營。英國上市公司必須提供一份董事會報告，表明他們認為公司會持續營運。可以這麼假設，所有公司是在持續經營的基礎上編製財報。

資產顯示在公司的「帳面價值」（carrying value）——通常是未經折舊的成本。理想的情況是，資產負債表將使用所有資產與負債的公允價值（fair value）。公允價值代表每項資產的市場價值（即資產可兌換的金額或負債結清的金額）。假如公司被賣掉或清算，股東們可根據公允價值評估能拿回多少投資。在實務上，資產負債表包含了成本、重置、現值，以及公平價值等各種估價方法的綜合運用。

一般來說，公司持續經營的資產價值，會比公司結束營業時採用殘餘資產或拆分時的估價高出許多。只要合理假設公司持續經營的可能性——這家公司不會結束營業——那麼，出現在資產負債表上的帳面價值，大致是可信的。

應計項目

損益表顯示公司該年度的營收，以及營收所產生的成本及費用。在交易或舉辦營業活動時，收益及費用應列入損益表內。通常是在開立發票時入帳，而非在收到或支付與交易有關的現金時。換言之，應該要在交易發生時入帳，而非在現金出入時。

會計的應計制，是使公司該會計年度的收益與費用在損益表上相符合，非關其現金的變動。交易及轉換成現金的時間差距，則以應計項目（未來某段時間要付的錢），或預付項目

（為未來利益預先付出的錢）顯示在會計帳內。

認列

　　會計準則中的認列，是指某個項目已經列入公司的財務紀錄、損益表或資產負債表內。在某項營業活動或交易實際發生前，不應被記入帳上（被認列）成為該年度的獲利或虧損。若有大客戶在公司會計年度結束時承諾一筆大訂單，對公司是個好消息，將被記錄在管理資訊控制系統，且將擬定計畫調整定貨簿（order book）及生產計畫表，不過，在簽訂與履行具法律拘束力的正式協議前，這項交易不能列入財會系統，不會有營收記入今年的帳目。這樁交易尚未發生，因此不會出現在財報上。只有完成交易時，才會實現獲利。例如，只有在商品所有權移轉至客戶的交易完成時，會計帳上才會認列為一筆銷售。

　　資產價值可能因通貨膨脹或市場變化而增加，這對公司有利，但不能據此宣稱已經獲利，資產價值若有增加，必須在資產負債表記錄為股東權益，除非這項資產被賣掉。當這項資產被賣掉時，獲利只能認列在損益表上。

貨幣量化

　　如果交易或營業活動沒有貨幣價值，就不能記入會計帳簿內。會計人員的基本法則是「如果無法計算，就別理它」。這也是會計人員很難計算無形資產（商譽、品牌名稱）或某項事業品質的原因。舉例來說，董事會的成本可以量化到小數點右

邊兩位數，並且每年都會列入年度報告。然而，有關董事會對
公司的價值，會計人員幾乎是無法回答，因而絕對不會在資產
負債表上記為資產或負債。

　　會計人員在處理無形資產或計算較「難以」量化的事業成
本及費用時，會小心謹慎處理。但要是不得不加以量化時，會
計人員將須證明有能力可以勝任這項任務。例如，可以用人力
資產會計將員工量化納入資產負債表，但要將某個事業的環境
加以量化並編製成報告，就面臨很大困難。

性質上的特點
一致性與可比較性

　　會計人員的難題是，會計問題很少有單一的解決方法，
通常會有幾個完全可以接受的替代方案。於是企業流傳著一
則笑話，據說有一名公司執行長因為討厭別人對他說：「一方
面如何（on the one hand）、如何……；另一方面又如何（on
the other hand）、如何……。」於是刊登廣告徵求一名「獨臂」
（one hand）會計人員。

　　公司只消改變會計政策，就能對年度盈餘上下其手，例如
調整存貨估價或折舊方法。這種做法好像符合公司當年度的最
佳利益，但下年度不可能有同樣的獲利條件。如果允許公司每
年改變資產估價、折舊攤提，或是成本與費用的處理方法，就
無法與前一年的財務報表做比較。也將無法利用財報比較公司
過去幾年的績效及財務狀況。在比較公司的財務報表時，要先

確定你是在比較使用同樣會計政策的公司。

　　除非會計政策做出相反聲明，否則就可以推定認爲今年財報的會計政策與前一年相同，這是國際會計準則第1號的規定。從這一年到下一年，財務報表所使用的術語、算法，以及各種項目的呈現，都應盡可能一致。

　　公司當然有權改變其會計政策，以便改進所提供資訊的品質。當公司改變會計政策，應在年度報告的備註欄上清楚說明更改會計政策的性質及其理由。國際會計準則第8號提供了更改會計政策的指導方針。

可靠性與攸關性

　　財務報表的實際使用須具有可靠性，國際會計準則理事會使用的術語爲「忠實呈現」（representational faithfulness）。財務報表上的資訊必須是正確、及時、無誤、不偏頗、完整，而且清楚反映交易與事件的實質而非形式。若要放心使用財務報表的資訊分析公司的營運或決策，資訊必須具可靠性。

　　財報所呈現的資訊也應和使用者的需求息息相關。公司可以根據成本估算資產價值並呈現在資產負債表上。成本容易找到而且很可靠，不過資產的現時市值（公平價值）可能對使用該公司財報的人更加重要。國際會計準則理事會認爲攸關性重於可靠性，而且日益強調要適用公平價值。

實質重於形式

　　爲眞實呈現交易或營業活動，務必將交易或營業活動的實

質與形式區隔開來——「不是我說的話，而是我講的意思。」
僅僅遵照法律形式辦理，無法充分說明業務運作狀況，更重要
的是，要了解交易的基本要素。公司的財務報表應清楚反映當
年度實質交易的經濟事實。

中立性

　　國際會計準則理事會架構清楚規定，公司財務報表裡的會
計資訊應公正不偏頗，才能提供使用者有用而且決策中立的資
訊。

重要性

　　只有足以影響財務報表使用者做出決定的重要項目，可能
才需要揭露。目的是要確保使用者可以取得所有適當資訊。重
要性不是由國際會計準則理事會量化而來，而是由公司決定，
而且是以公司營運規模的10%來粗略界定重要性。

　　例如，在部門報告裡，假若其中一項銷售營收占總營收
10%以上，就應個別記載。國際會計準則第1號清楚規定，所
有重要項目或某類項目，應在財報中個別呈現。國際會計準則
第1號也規定了營收及費用抵減，或資產負債抵減（淨額）等
限制。

審慎性

　　年度報告的使用者眾多，且各有不同利益。它可以做為許
多用途的依據，包括買、賣這家公司的股票甚至公司本身，授

予該公司信用，採購該公司產品，在這家公司謀職，或是借錢給該公司。由於無法在一份財報上滿足所有使用者的要求，會計人員最好審慎處理財報數據。

為避免過度樂觀評估損益表或資產負債表的獲利，或資產負債表的價值，會計人員通常會採取審慎小心或保守等原則。獲利或資產價值不應故意被誇大。就財務會計及申報方面，主要原則如下：

- 若有懷疑時，在兩個價格中取較低者；
- 若還有懷疑時，就直接勾銷。

國際會計準則理事會架構清楚規定，審慎性絕不該是隱藏準備金或過度提存──創造性會計。但在編製與呈現財務報表上的數據時，謹慎是很重要的。例如：

- 存貨的價值以較低成本或公平價值估算；
- 立即勾銷可能的壞帳，不要等到收帳的希望破滅之後；
- 假如對營收有懷疑，只有在收到現金時才認列；
- 切勿填報預期的會計項目──只能將當年度已實現的獲利列入損益表；
- 小心登錄至目前為止所有已知的債務及虧損，但不到創造隱藏性準備的程度；
- 一知道有損失要立即認列，不必等到損失發生後才做。

在閱讀年報上的財報時，可以假定已經使用了所有上述的假設及品質特徵。這種財報上至高無上的規定，以及會計準則

的目標，就是要提供一個「公允表達」或一個「真實公正反映」公司的績效及財務狀況。

會計準則

一般公認會計原則

會計業早已發展出最佳實務的規則及指導方針，但直到1930年代才形成文字並編成法規。每個國家都已發展出一套「一般公認會計原則」（GAAP），包含許多法律、證券交易法規、會計準則、慣例、概念，以及實務等等。一般公認會計原則的目標是確保財務報表的編製與呈現符合現行的最佳會計實務。

「一般公認」及「原則」這兩個名詞至為重要。一般公認會計原則不是一套恆久不變的成文規定，而是提供了一個可讓財務報表不斷填充的內容架構。一般公認會計原則也會隨著環境、理論學說，以及實務的改變而變動。大多數國家現在都使用國際財務報告準則，並且適當修剪個別的一般公認會計原則。歐洲各國仍然適用一般公認會計原則，但歐盟正逐漸支持上市公司使用國際財務報告準則——現在約有7,000多家公司使用國際財務報告準則。

約有1萬五千多家在美國上市的公司採用美國的一般公認會計原則。2002年國際會計準則理事會和美國財務會計準則委員會（FASB，證管會採行該委員會的財會準則）簽署諾沃

克協議（Norwalk Agreement），致力於兩大會計準則的接軌。2006年，他們公布發展共同概念架構（整合）進度的討論文件，做為未來會計準則的依據。

財務會計準則委員會向來是採取「規範基準」（rules-based），規定公司須遵守具體綿密的條文；國際會計準則理事會則採「原則基準」（principles-based），以原則性的提綱挈領，做為規範編製財報內容的指導原則。這個架構提供了編製財報的基本概念，而且使用的會計準則是「原則基準」，而非一套詳細的規範。這兩種方法的正反意見併存。恩龍公司倒閉案，凸顯了財務會計準則委員會方法的缺點，而國際會計準則理事會標準不太明確，可能很難進行國際比較。此外，若缺乏精確的指導方針，會令審計人員承受相當大的壓力。財務會計準則委員會與國際會計準則理事會均非完美無瑕，兩者需要一些時間整合。

歐洲指令

在英國和美國，是由會計業自己管理與執行會計準則。在大多數歐陸國家，是由政府擔任管理與執行的角色。1957年羅馬條約設定了成立歐盟的目標，會員國所發布的指令將納入本國的立法。1978年第四號指令（The Fourth Directive）涵蓋會計原則、財務報表，以及編製損益表和資產負債表等標準格式的相關資訊。同時包含了在編製年度報表時的「真實與公正觀點」（true and fair view）要件。1983年的第七號指令，規定公開上市公司與綜合或集團帳目的準備，包括商譽的處理在內。

這項指令爲英國1989年的公司法所採用。

證券交易所的上市規定

在美國，證管會規定所有上市公司的申報及揭露條件；英國金融服務管理局（FSA）在2000年接掌了倫敦證券交易所（LSE）。在該證交所上市的公司都須遵守這些規則，也都登載在證券上市法規（Listing Rules）裡。

證交所也加強適用會計準則，要求公司提供一份遵循聲明（compliance statement）以及一份重大偏差（material deviation）的說明。整體目標就是要確保投資人有適當的資訊做出買進、持有及賣出股票的決定。

所有在證交所上市的公司必須遵守上市規定，這可能需要修改財務報表的編製方式及內容。在美國上市的外國公司經常須額外揭露母國規定的資訊。1993年戴姆勒—賓士（Daimler-Benz）遵守美國的一般公認會計原則，成爲第一家在美國上市的德國企業。

國際會計準則

自2005年以來，歐盟所有上市公司都須使用國際財務報告準則（IFRS），而且其他許多國家都選擇遵循國際財務報告準則。1990年英國成立了財務報告委員會（FRC）以提倡優良的財務報告。2001年會計準則理事會（ASB）取代了會計準則委員會（ASC），監督22份標準會計實務公告（SSAP）的實施。第一套國際會計準則來自國際會計準則委員會（IASC），

該委員會成立於1973年，剛好在美國成立財務會計準則委員會（FASB）之後。

　　經國際證券監理機構組織同意後，國際會計準則委員會於2001年改組——當時發布了41項準則——爲國際財務報告準則背書。國際會計準則委員會基金會（IASC Foundation）現在與準則諮詢委員會（SAC）、國際財務報告解釋委員會（IFRIC）督導國際會計準則理事會。國際會計準則委員會的目標是將採用國際財務報告準則的企業報告以進行國際整合與協調。

　　2006年國際會計準則理事會主席的聲明說：

> 　　在適用上具有一致性的共同財務語言，可使投資人更容易在不同的司法管轄下比較公司的營運結果，並且提供更多投資與分散投資的機會。去除一個主要風險——無法充分了解不同國家會計制度的細微差別疑慮——應能減少資金成本，並爲分散投資與提供投資報酬開啓新機會。

　　從2007年11月開始，在證交所上市的外國公司，只要它們的帳目遵守國際財務報告準則，就可以不必符合美國的一般公認會計原則，使這些公司的上市成本與複雜性大爲減輕。

　　國際會計準則理事會通常會發布一份「意見徵詢草案」（Exposure Draft），亦即一項建議的準則在正式發布成爲國際財務報告準則之前，允許公開評論及討論。德勤（Deloitte）也提供一個有用的網站www.iasplus.com。大型會計事務所的網站值得上去瀏覽，看看有何最新訊息。

　　特威迪爵士（Sir David Tweedie）自2001年以來一直擔任國際會計準則理事會主席，被《蘇格蘭人報》（*Scotsman*）形容為「英國最令人憎恨的會計師」──但這個頭銜似乎未令他困擾，他後來又因「確定給付年金計畫」（defined benefit pension scheme）與企業槓上。他說：「我沒有在棺材上釘上最後一根釘子──我只是測量一下而已。」他是採行公平價值會計（市價記帳）的背後推手。他的任期到2011年結束。

國際會計準則（IAS）

第1號：財務報表之呈現（2007年修正）

第2號：存貨（2003年修正）

第7號：現金流量表

第8號：會計政策（2003年修正）

第10號：資產負債表編製日期之後事件（2003年修正）

第11號：營建契約

第12號：所得稅

第16號：不動產、工廠及設備（2003年修正）

第17號：租貸會計（2003年修正）

第18號：營收

第19號：員工福利（2004年修正）

第20號：政府補助之會計

第21號：匯率變動之效應

第23號：借款成本（2007年修正）

第24號：關係人之揭露（2003年修正）

第26號：退休金給付計畫之會計與報告

第27號：合併與單獨財務報表（2003年修正）

第28號：關係企業投資之會計（2003年修正）

第29號：高度通貨膨脹經濟下的財務報告

第31號：合資企業權益之財務報告（2003年修正）

第32號：財務工具（2003年修正）

第33號：每股盈餘（2003年修正）

第34號：期中財務報告

第36號：資產減損（2004年修正）

第37號：準備金、或有負債、或有資產

第38號：無形資產（2004年修正）

第39號：財務工具：認列與衡量

第40號：不動產投資（2003年修正）

第41號：農業

國際財務報告準則（IFRS）

第1號：首次採用國際財務報告準則

第2號：股份基礎給付（2008年修正）

第3號：事業合併

第4號：保險契約

第5號：待出售非流動資產及停業單位

第6號：礦產資源的探勘及評估

第7號：金融工具：揭露

第8號：營運部門

會計政策聲明

國際會計準則第1號規定，年度報告應包含一份公司在編製財報時所適用的會計政策，通常可以在「重要會計政策」備註找到。國際會計準則第8號對會計政策的定義如下：

> 企業在編製與呈現財報時所使用的原則基礎、慣例、規則，以及實務。

會計政策的目標是做為忠實呈現企業績效及財務狀況的依據。公司每個主要項目須遵守所有適當的會計準則，通常可以在會計政策聲明裡找到遵循聲明。若沒有準則，管理階層會經適當判斷選擇適用的會計政策，並且對外揭露。

一份會計政策聲明通常包括：

- 編製合併財務報表的依據；
- 遵守國際財務報告準則；
- 外幣換算；
- 無形資產的處理；
- 非流動資產的估價；
- 員工福利計算；
- 所得稅；
- 財務工具。

假定公司每年所適用的會計政策都有其一貫性，但如果新準則有規定，或是改變會計政策可以提升所呈現資訊的關聯性

或可靠性，公司也可以變更會計政策。不過，會計政策的變更須在年度報告中說明。當公司變更其會計政策，應閱讀審計員的報告，以了解審計人員是否為這家公司的體質健全背書。如果審計人員認為，財務報表的某些內容未遵守法律、會計準則或一般公認會計原則，他們有義務要在給股東的報告書清楚說明。

審計人員

所有上市公司都須僱用審計人員。19世紀發展出審計制度以保護股東權益。審計人員是專業的會計師，稽核會計帳以及所有其他相關資料和資訊來源，並且提出報告說明財務報表有忠實呈現公司的營運狀況及績效，而且公司在編製財務報表時有切實遵守相關法律及一般公認會計原則。

審計人員是獨立而不受公司經營階層管轄，受雇於股東而非公司的董事會，在股東年會直接向股東報告。在英國，這個行業的主要同業公會是英格蘭及威爾斯特許會計師公會（ICAEW），在美國則是美國會計師協會（AICPA）。

各國都有許多審計公司稽核中小型公司的帳目。但對上市公司，特別是跨國企業，只有少數幾家合適的審計公司有能力在世界各地提供全面專業的服務。

這些跨國性的會計事務所，有能力處理任何公司的財報，而且都是赫赫有名，其中最大的幾家如下（以2007年的總費用收入金額排序）：

- 資誠（PricewaterhouseCoopers，中國大陸稱為：普華永道，251億美元）；
- 德勤全球（Deloitte Touche Tohmatsu，231億美元）；
- 安永（Ernst & Young，211億美元）；
- 安侯建業（KPMG，198億美元）；
- 德豪國際（BDO International，47億美元）；
- 正大聯合（Grant Thornton，35億美元）。

　　規模是很重要的。由於擔心可能會失掉大公司的生意，甚至失去大客戶，小型會計事務所因而容易對這家被查帳公司管理階層言聽計從。大型會計事務所也不喜歡被小事務所搶走客戶，也不想失去為大企業審計的收入，因而近年來的一些企業會計帳醜聞已讓人對審計公司背書保障的財務報表產生質疑。馬多夫（Bernard Madoff）的500億美元避險基金的帳目，顯然是由一家三人（一名高齡78歲的退休人士及兩名助理）組成的小公司審計，在這樁世紀詐騙案於2008年底曝光前，光是看到這個事實，就該響起警鈴了。

　　整個1990年代企業捅漏子的經驗以及2007年開始的金融危機，均令人質疑大型會計事務所背書保護股東權益的效力。1990年代一個特殊的問題是，會計公司每收取1美元審計費，大約會產生超過1美元的與審計不相干的收入，假如審計公司向同一家公司收取顧問費或其他費用，能夠確保其完整獨立性嗎？為恩龍公司稽核帳目的安達信會計事務所（Arthur Andersen），在一年內拿了2500萬美元審計費，同年又收取恩

龍2700萬美元顧問費。美國證管會在1999年6月發現，藥房連鎖店萊德愛公司（Rite Aid）全面做假帳，在1997至1999年之間將獲利灌水約10億多美元，並給查帳的審計公司150萬美元的顧問費。

　　隨著業務的複雜性與日俱增，加上可能動輒吃上官司，審計公司的查帳角色日益艱難、風險漸高，且報酬愈來愈低。審計業者與公司的董事及股東一樣，經常為其責任設限。在英國，查帳的審計公司可以適用股東的責任限制條款（LLA），在法庭上為他們的責任設定上限。大多數歐盟國家對帳目審計人員的責任都有某種形式的限制。

審計標準

　　大多數國家都有一套審計標準，這是審計人員的作業依據，且對此行業的會員具有強制拘束力。國際審計及認證準則理事會（IAASB），也就是國際會計師聯合會（IFAC）的標準制定委員會，對國際審計準則（IAS）以及國際審計實務聲明（IAPS）負責。

審計報告

　　審計的目的是對一家公司的財務報表提供一個專業及獨立的看法。審計報告通常會敘述個別管理部門的責任，審計人員會檢視財報的編製與呈現，執行稽核的依據基礎，最後並提出正式意見。這份審計報告會說明，財報的編製是遵照適當的財

務報告架構（例如國際財務報告準則、一般公認會計原則）以及適當的法律。在美國，審計報告可能會包含如下：

> 依我們的看法，財報要公正呈現，所有重要項目須與美國一般公認會計原則相符，舉凡公司的財務狀況，以及當年的營運結果及其現金流量。

審計人員的責任：

> 取得足夠且適當的審計證據，以了解管理階層在編製及呈現財報時是適當採用繼續經營的假設（going concern assumption），並據以論斷此實體的繼續經營能力，是否出現嚴重的不確定性。

英國上市公司的審計作業，平均需花60多天才能完成。公司的年度報告包括與審計公司有關法定審計及任何非審計費用在內的費用細節。以一家大型跨國企業為例，法定審計費從500萬美元到5000萬美元不等，例如，2007年英國航空公司支付了200萬英鎊的審計費，巴克萊銀行則付了2,500萬英鎊。

真實而公正呈現

在英國，可能會提到「真實公正觀點」的財報規定，在美國並不使用這個名詞，因為該國的企業須根據一般公認會計原則來編製財報。真實而公正觀點最先出現在1947年的英國公司法，為歐盟第四號指令所採用，並被歐盟視為年度報告的首要目標。英國法律與歐盟第四號指令並未對真實公正的觀點下

定義，但人們大多知道它的意思。

　　國際會計準則理事會是使用「公正呈現」這個名詞：

　　　　依照……，公正呈現的架構忠實呈現交易、其他事件
　　及情況的效果。採用國際財務報告準則與必要揭露原則的
　　財務報表，就會被認定是公正呈現。

　　有些審計報告現在是使用「所有重大方面的揭露是否公
正」，而非「真實公平的觀點」原則。

有保留意見的審計報告

　　務必要閱讀審計公司的報告，這點非常重要。當審計公司
覺得有必要公開其疑慮，應會影響對於公司及管理階層的看
法。假如審計公司不滿意公司提供給他們的資訊或是財報的編
製與呈現，他們有義務提醒股東注意。他們會對此財報提出保
留意見。

　　審計公司會詳述疑慮的範圍，並說明這對公司地位的可能
影響。對一份採用會計準則或改變會計政策持附帶保留意見的報
告，可能只是反映審計公司與公司管理階層對會計原則存有不同
意見，問題不見得很嚴重。不過，審計公司也可能會陳述：

　　　　這說明了有重大不確定性存在，可能使公司繼續經營
　　的能力受到嚴重質疑。

　　這是關於公司情況會有多糟的報告，也凸顯審計公司的審
計報告是公司年報中最重要的部分。上例中，審計公司實際上

是說：這家公司有可能經營不下去。

　　審計公司的最後手段是辭退不幹。2008年英國第三大旅遊營運商XL娛樂集團倒閉，致使數萬人滯留海外，還有數千人損失了之前的旅遊訂位以及度假費用。負責審計的安侯建業，在認定其財務報表有「重大錯誤」後，於2006年辭去XL旗下一家大型子公司的審計工作，並提出警告說，這些重大錯誤的結果，無法對獲利及該公司的營運狀況「提供真實公正的看法」。

審計人員與詐欺

　　「審計人員的主要角色是找出弊端」，這是一種常見的誤解。1896年，英國一樁司法案件將審計人員的角色定義為「看門狗而非獵犬」（a watchdog not a bloodhound）。審計報告若顯示這家公司很乾淨，並不保證沒有詐欺舞弊，或是這家公司在年度報告發布之後不會倒閉。美國舞弊稽核師協會（ACFE）2006年發表的研究顯示，只有10%的企業弊案是由審計人員或會計事務所最先查到，40%是由告密者揭發。傳統上，雇用審計人員只是確保財報的內容能提供真實而公正的觀點。

　　公司須有足夠的內部控管，才能使負責稽核的審計人員滿意。1995年英國霸菱銀行（Barings Bank）的倒閉事件，就是審計作業不夠切實以及內部控管鬆散造成。在美國，審計人員負責設計與完成一項審計作業，提供：

　　　　合理保證公司的財報沒因舞弊或錯誤造成重大不實。

　　董事會須清楚表示，他們對內部控管系統完全有信心，並且認定財務報表沒有欺騙或重大不實。審計人員也要保證，董事會的報告所涵蓋的訊息與財報一致。

班奈曼和沙賓法案

　　班奈曼強斯頓馬克雷（BJM）是一家公司的審計公司，這家公司在1998年因積欠蘇格蘭皇家銀行（RBS）1,300萬英鎊的債務而倒閉。蘇格蘭皇家銀行在2002年控告這家審計公司，主張被告的金融帳不實陳述該公司的眞正財務情況。班奈曼案後來成爲定義審計人員任務及責任的重要案例。班奈曼主張第三人無注意義務（duty of care），但最後敗訴。法官判決，被告並未清楚否認使用審計報告的第三人應負注意義務，據以推定被告接受這項義務。在班奈曼案宣判後，資誠（PwC）成爲第一家修改其審計意見聲明的審計業者，在意見聲明中納入以下文字：

> 　　我們在提供意見時，除非事先取得我們的書面同意，否則我們不接受或承擔閱讀或取得這份報告者於任何其他目的之責任。

　　現在大多數審計報告都會納入一項「班奈曼免責聲明」（Bannerman Disclaimer）——使審計人員不對使用公司年度報告的第三人負責。

　　新千禧年一開始就看到許多財務報表作假，其中最惡名昭彰的莫過於恩龍與世界通訊（WorldCom）。2002年有186

家美國大型企業聲請破產保護，光是世界通訊一家就欠債逾
1,000億美元。2002年美國通過「公開發行公司會計改革與投
資人保護法」（Public Company Accounting Reform and Investor
Protection Act），也就是所謂的沙賓法案（Sarbanes-Oxley Act，
簡稱SOX），如今公司的董事會須爲內部控管系統的有效性負
責，每年須在年度報告中檢討與報告內部控管系統作業。

　　沙賓法案催生了「公開發行公司會計監理委員會」
（PCAOB），以保護投資人並確保公司財務報表完全透明與適
用最高的審計準則。公開發行公司會計監理委員會制定了審計
及審計人員的準則，在英國與歐盟則沒有類似的機構。審計業
者被禁止在他們審計的公司接受非審計工作。

公司治理

　　在1990年代經歷連續幾樁喧騰一時的上市公司不當管理
事件（即使沒有舞弊）後，公司治理（Corporate governance）
在美、英兩國成爲一項重要議題。企業須進一步揭露資訊，使
股東和其他對公司營運有興趣者，可以對公司管理階層及未來
生存能力有信心。

　　1998年英國韓培爾委員會（Hampel Committee）的報告指
出，董事會的行爲須符合股東的最佳利益，爲此須採取最高
的公司治理原則。韓培爾強化與擴充「公司治理財務委員會」
（CFACG，即1992年的凱貝雷守則〔Cadbury Code, 1992〕）、

1996年葛林伯瑞守則（Greenbury Code, 1996）的建議，並促成聯合守則（Combined Code）的發布。騰布爾委員會（Turnbull Committee）緊接著在1999年提供建構健全公司內部控管的指南，2003年希格斯委員會（Higgs Committee）檢視非執行董事的有效性，同年史密斯委員會（Smith Committee）為審計委員會而設立。所有公司都應遵循公司治理的聯合守則，並在年度報告上說明。

1999年美國的紐約證券交易所（NYSE）和全美證券交易商協會自動報價系統（簡稱那斯達克，NASDAQ），規定所有在這兩家交易所上市的公司，必須有獨立的審計委員會。2003年美國證管會規定，董事會中須有過半人數為獨立董事。公司的年度報告應包括一份詳細的公司治理報告，外加董事長及董事的報告。

董事長的報告

每年董事長都要發布一份報告，這不是強制性規定，會計準則或法律也未明訂，卻是一項公認且普遍接受的實務。董事長可以在報告內容中暢所欲言，不受制於嚴格的審計，這是一份個人聲明，內容可以包羅萬象，舉凡攻訐政府，談論一些通俗哲學。依慣例，董事長的報告會有一篇概略的績效報告（常見的情況是凸顯業績亮麗的部分），以及一篇對整體業務展望的評論。很少看到唱衰的悲觀論調，幾乎可以確定是偏頗的，須帶謹慎及質疑的眼光閱讀。

董事的報告

公司年報包含一張董事會全體董事的名冊，並有個人資料簡歷。董事的退休或新任命須在備註中載明。在年度股東大會上，董事將被依序提名連任，由參加年會的股東們正式投票。

董事須對股東負責，他們對公司所有資產與股權負全責。他們的職責不僅是提供股東財報，還有公司各主要方面的足夠資訊。在年度股東大會上，股東有機會提出他們想知道的問題，這類問題不限於年報內容，任何話題都可提問。公司董事的重要任務之一就是股東年會。

董事每年都須提供股東一份書面報告，說明公司的主要業務活動，並且評論公司的營運績效及財務狀況。假如董事們認為，未來發展可能影響公司，他們應提醒股東注意。

營運與財務檢討

在英國，年度報告應包括一份營運與財務檢討（OFR），類似美國上市公司的管理階層討論與分析（management discussion and analysis，簡稱MD&A）規定。營運與財務檢討或管理階層討論與分析是研究公司營運及財務狀況的絕佳起始點，目的是要讓所有人都能看得懂，因此大多沒有專有名詞或專業術語。假如包含數據在內，例如每股獲利這類數字，應會清楚連結到與財務報表相對應之處。應該也有提到會計政策，充分討論財務報表的編製與呈現方式。

營運與財務檢討不應光談好消息與風光之事，這卻是董事

長或執行長常幹的事。期待公司公布其企業計畫並不合理，但可以討論產業趨勢。營運與財務檢討每年都會說明公司過往的績效與活動，以及提出一些管理階層對未來可能發展看法的暗示。若有任何嚴重的偏差情事，下年度就該提出解釋。目的在於：

　　藉由展示董事對營運業務的分析，幫助使用者評估這個公布年度報告實體的未來表現。

　　最理想的情況是，可以從三大方面描述這家公司：公司目標、總體策略，以及其真正績效和財務狀況。

擬制數字

　　當遇到不確定性、績效難看，或是需要隱藏無能或弊端時，董事會可能受到引誘，在他們給投資人的報告上提出「擬制」數字（Pro forma figures）。他們用自己的績效計量方法，不必然與公布的財務報表相關，或是可用以支持客觀的分析。

　　假若你在公司的績效檢討報告中看到「調整後」「常態化後」或「潛在的」等這類字眼，就得提防小心。你可能會在息前稅前折舊攤銷前的獲利（EBITDA）發現這種算法。某家公司在其公布的損益表所呈現的一項虧損，可能變成一項正數的息前稅前折舊攤銷前的獲利。若是董事們在其績效討論中選擇一項計算基準，而非切實依照報告的財務數字或一般公認會計原則，他們就必須提出清楚的解釋。

後見之明

確保完美的財務分析及投資只有一個因素：後見之明。只有在重要事件發生之後數天，才有辦法清楚說明發生了什麼事，以及對公司和股價的衝擊。

批評年度報告是一份沒有效用的文件很容易，在公司發布顯然是健康的數據後，隨即倒閉的例子比比皆是。有了後見之明，就算沒有不實陳述與欺騙，也可能看到董事無能的明顯證據。較常見的情況是，差勁的審計人員顯然因為未能在股東蒙受投資損失前發現並示警，而受到嚴厲批評。然而，由於我們能看到的資料只有年度報告，必須善加利用。

第二章
資產負債表

　　閱讀會計報表的能力，是財務分析的基礎。這是任何經理人不可或缺的技能，也是想在董事會占一席之地的人必備的能力。資產負債表是公司年度報告提供的主要財務報表之一，有時也稱作資產與負債報表，或財務狀況表（國際會計準則理事會喜歡用這個名稱），但大多數人稱作資產負債表（balance sheet）。缺乏財務知識的人往往認為資產負債表艱澀難懂，因而避之唯恐不及。也有人視之為會計師的魔法代表，看起來冠冕堂皇，卻沒有實質內容。

　　資產負債表提供了分析公司營運績效與狀況所需的許多資料，是評估公司流動性與償債能力（第八章）、財務槓桿（第九章）以及計算資產、資本或投資報酬率（第六章）的起點。

資產負債表內容
簿記的證明

　　資產負債表最早是在會計年度結束時製作，用以證明複式簿記系統的正確性。它在年度結束時列出帳本的所有平衡

（balance），並因而得名（balance sheet）。如果帳目兩方的資產（借方在左邊）等於負債（貸方在右邊），就可假設全年的帳本紀錄一直保持正確。

　　資產負債表可看做一組老式的廚房秤。一邊的碗裡裝了資產（公司擁有的有價值東西，或未來有權獲得的東西），另一邊碗裡則裝了負債（公司應給股東及其他提供資金與信用者的數額）。對任何企業來說，秤的一邊代表它擁有什麼，另一邊代表它的錢從哪裡來，兩邊必須平衡。一家企業不可能擁有的資產多於資金來源，花的錢多於可獲得的錢，或獲得的資金超過花用的錢。

　　資產負債表源自簿記程序的最終報告，原本無意用來顯示企業的價值。它是年終會計程序中的一環。資產負債表仍然扮演會計帳簿最終證明的角色，但近年來它在財務報告中漸漸取得更核心的地位。國際會計準則理事會架構強調資產負債表，勝於收益（income）和費用（expense）。當未來的經濟利益因資產增加或負債減少而增加時，可認列為收益。任何這類改變都被登載在損益表或股東權益（shareholder's equity）。

　　資產負債表可視為呈現年終時資產和負債的公允價值；損益表則列出它們在當年度間的改變。股東權益的變動被分開處理。損益表顯示公司的財產比較去年的變動；資產負債表則涵蓋所有收益和價值的變動，顯示每個年度終結時的財務狀況。

年終財務狀況

　　資產負債表提供公司年終財務的概要，總結財務年度最後

一天的財務狀況。資產負債表的基本算式如下：

資產＝負債

根據複式簿記的原則，資產列在資產負債表的左方，負債則在右方。英國是例外，公司把資產列在資產負債表的右方。這種奇特的做法可追溯到1860年代，當時一名公務員在公司法中提供了錯誤的資產負債表範例，把資產列在右方而非左方，而英國會計師便遵行該法律的規定100多年。

現在該怎麼做？

傳統上大家較注重以損益表揭露年度的獲利或虧損。核對年度的收益和費用，若有任何「剩餘」則列入資產負債表。年度獲利或虧損的計算被視爲最重要的項目，資產負債表則是次要的報表，強調報告公允價值，代表資產負債表的重要性提升，意味著資產與負債目前的價值獲得重視。有人批評，會計師強迫銀行和其他金融機構在2007年發生的金融危機中採用公允價值會計準則，要求他們不能像過去以歷史成本顯示包括次級房貸在內的資產，而必須以市值呈現，其結果是大幅資產減值，導致金融危機加劇和投資人對銀行業信心淪喪。

呈現的內容

要了解股東的利益（獲利或虧損）在年度的變動，並不需要製作損益表。如果年終列在帳簿一方的所有公司資產，和另一方的所有負債不能平衡，其差距就代表該年度的獲利或虧

損。如果淨資產（股東的資金、權益）增加，即達成獲利；如果減少，就是虧損。製作損益表時，最後的數字（年度的獲利或淨利）將為資產負債表的平衡數字提供必要的「證明」。國際會計準則理事會似乎特別強調把資產負債表上的淨資產變動，視為代表公司年度的總營運績效。

公允價值

　　資產負債表上的資產和負債該如何定價，是一個重要問題：是它們的成本，或公允（市場）價值？資產的成本估算只能達到相當程度的準確；其真正的價值要到賣出時才能確定。不管採用何種定價方法，資產和負債的價值在年度中的變動會影響股東持有公司股權的價值。任何資產負債表上的數字都混合以成本估算，和一部分的市價估計。

　　近年來有一股值得肯定的趨勢，即朝向以公允價值做為資產負債表基礎的發展。公允價值代表資產或負債當時的交易價值。財務會計準則第157號（FAS 157）對公允價值的定義如下：

　　　　市場參與者在明確的日期進行有秩序的交易時，出售資產可獲得的價格，或轉移負債所支付的價格。

　　公允價值的目的是，資產負債表應盡可能反映公司資產和負債的市值。這對公司財務狀況和績效評估大有幫助。

資產負債表構成要素

資產負債表通常由五個基本部分構成，適用於任何公司的資產負債表，不管營業性質如何，或位於哪個國家。五個部分的內容取決於特定行業或國家的常規（common practice）或法規要求。

對大多數公司和國家來說，資產負債表會呈現總資產和總負債。國際會計準則第1號要求按照預計的生命周期而分類爲「流動」（current）或「非流動」（non-current），流動資產和負債屬短期性質，是企業營業循環的部分。通常它們是年度內的收入或支付的現金。其他資產或負債則定義爲非流動。營業中運用的長期資產和負債被定義爲非流動——非年度內的收入或支付。

在資產負債表的一方，非流動資產加上流動資產，等於到年終運用的總資產。

非流動資產	90
流動資產	60
總資產	**150**

只有三種可能的資金來源可列爲總資產的資金。股東藉購買股票提供資金，並允許公司保留盈餘（股東權益）。公司可進行長期借款（非流動負債），或利用短期借款與債權人（流動負債）來提供企業資金。這些資金來源被放在資產負債表的另一方。

圖2.1 水平式資產負債表的不同格式

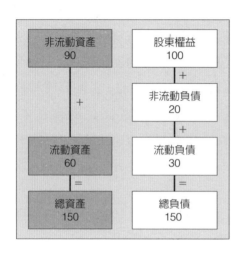

股東權益或股東資金（股本和公積）	100
非流動負債（長期債權人和借款）	20
流動負債（短期債權人和借款）	30
總負債	**150**

非流動資產＋流動資產＝股東權益＋非流動負債＋流動負債

總資產＝總負債

圖2.2　1970年代英國垂直式資產負債表形式

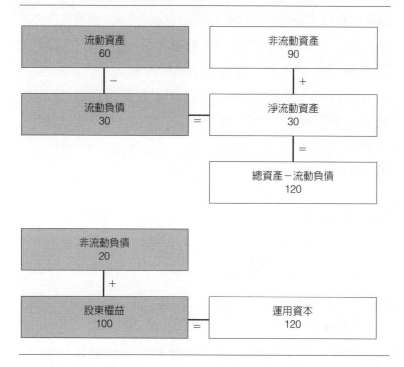

　　這三種來源如何併用以提供總資產的資金，是了解公司財務結構——財務槓桿——的核心。在評估公司資產負債表的安適性或安全性時，要比較股東提供的資金和來自其他來源的資金：對外借款、貸款或債務，和短期債權人。

1970年代的英國呈現形式

　　關於資產負債表的哪一方應放資產的問題，英國的會計師以異於其他國家的做法證明了他們的固執。傳統的水平式資產

負債表被以垂直式取代,把流動資產和流動負債連結到最高的淨流動資產。淨流動資產被定義爲流動資產減去流動負債(見圖2.2)。公司的短期資產若多於短期負債,被視爲財務健康和有償債能力的指標——有能力支付債權人。

若要判斷公司能不能在必要時很快以短期資產償付短期債權人,淨流動資產是很有用的資訊。流動資產如果不是現金,就被假設能在公司正常的營運周期(12個月)中轉換成現金。流動負債是應在12個月內償付的債務。

淨流動資產

如果公司必須在未來幾個月支付債權人,它能從哪裡找到必要的資金?假設它不能出售非流動資產或藉長期借款來支付短期債務,那麼對大多數公司來說,可以合理預期這筆現金將來自流動資產。

在償付債權人時,公司會先運用擁有的現金餘額,然後收取顧客欠的現金(應收款項),最後則是把存貨轉變成現金。資產負債表中流動資產超出流動負債的剩餘——淨流動資產——顯示公司擁有的可快速轉變成現金的流動資產,多過短期未來必須償付的短期負債。

資產負債表格式

資產負債表的格式以國際會計準則第1號爲準則,把資產與負債分類爲流動或非流動。國際會計準則第1號並未規範呈現的格式,但列出資產負債表應包括的項目:

圖2.3　1990年代英國採用的直式資產負債表

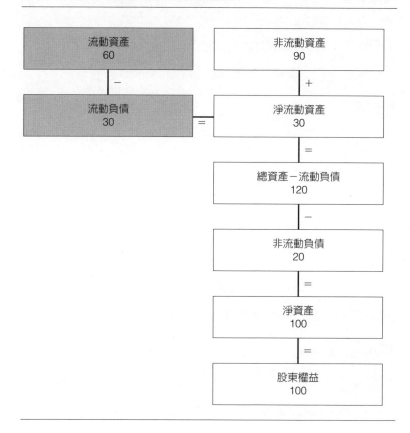

非流動資產

- 不動產、廠房及設備（property, plant and equipment）
- 投資性不動產（investment property）
- 無形資產（intangibles assets）
- 以權益法（equity method）估算的投資

流動資產

- 存貨（inventories）
- 交易及其他應收款項（trade and other receivables）
- 現金及約當現金（cash and cash equivalents）

總資產

流動負債

- 交易及其他應付款項（trade and other payables）
- 短期借款（short-term borrowings）
- 應付稅款（taxes payable）

非流動負債

- 長期負債（long-term liabilities）
- 遞延稅款（deferred tax）

總負債

股東權益

- 股本（share capital）
- 保留盈餘（retained earnings）
- 其他準備（other reserves）
- 少數股東權益（minority interest）

總權益與總負債

　　這是最常見的資產負債表格式。總資產等於總負債加股東權益。在英國，有些公司列出淨資產與股東權益的等式。

$$淨資產＝（總資產－總負債）＝股東權益$$

負債

國際會計準則理事會架構把負債定義為：

企業因過去的事件產生現在的義務，其支付的預期將
導致影響未來利益的資源流出。

股東權益

資產負債表的區塊之一是股東提供給公司的資金。這
個區塊有數種名稱——資本與公積（capital and reserves）、
股東資金（shareholders' funds）、持股人利益（stockholders'
interest）、資本淨值（net worth）——但大部分公司稱為股東
權益（equity）。股東權益是資產減去負債的剩餘。

$$股東權益＝總資產－總負債＝淨資產或淨值$$

淨值這個名詞可做為了解這個區塊涵義的基礎。如果一份
資產負債表，如本章先前舉例的公司，準備結束營運，並把資
產轉變成現金（即進行所謂清算程序），它的可得現金將有150
美元。它將償付借款和長期債務（非流動負債）20美元，和短
期負債（流動負債）30美元，剩餘100美元。這100美元即該
公司的淨值或股東權益。在償付所有借款和負債後，剩餘的錢
屬於股東。公司解散前的最後步驟將是償付股東這100美元，
即他們的投資或股權。

　　國際會計準則第1號建議股東權益（持股人利益）分為三個次項：發行股本、公積，以及累積盈餘或損失。公司資產負債表這部分列出的權益細節，通常包含四個主要項目：

- 已催繳股本（called-up share capital）
- 股票溢價帳（share premium account）
- 其他準備
- 保留盈餘

　　股東已取得公司發行的股票，是股權擁有者。股權代表公司資金（股本）的長期來源。兩大項目是股本，即發行給股東的股份，以及保留盈餘，後者即在公司存續期間所保留（再投資公司）的盈餘。

保留盈餘

　　在正常營運情況下，公司每年保留部分盈餘以協助成長，和再投資於未來的發展與營運。股東允許公司在年終保留一部分盈餘，而不把所有獲利當做股利發放，實際上是把這些錢借給自己的公司。因此保留盈餘對公司是負債，也以負債顯示在資產負債表上。

股本

　　只有已發行、且股東已經繳款的股票顯示在資產負債表上。這指的是公司的已催繳或發行股本。公司可能有能力從其法定股本發行更多股票。法定股本的數量是公司所能發行股票

的上限。大多數美國公司在資產負債表封面揭露這項資訊。在其他國家，法定或發行股本往往列在帳目的附註。股票的票面價值也是揭露項目。

公司可能發行的股票只有一部分已繳款，其餘款項則預定在未來的日期繳納。這些細節將在附註中提供。

股價與資產負債表

股票在資產負債表上永遠只顯示其票面價值，例如25便士、10美分、10歐元。這些股票交易的市價無關緊要，資產負債表無意反映股票的交易價格。

如果公司結束營業或清算，它會出售資產，將其轉換為現金。現金將被用來支付短期和長期債權人（公司債務），剩餘部分（淨值或股東權益）將支付給股東，他們可能獲得高於或低於股票票面價值的現金。

普通股

普通股（ordinary shares）股東是公司的風險承擔者。如果公司倒閉，而且沒有足夠的錢可支付債權人，他們將損失所有投資。他們是清算程序最後獲得公司剩餘資金的一群人。不過，普通股股東只會損失他們持有股份的票面價值，儘管他們通常在證券交易所以高於票面價值的價格取得股票。普通股因此只承擔有限責任。

大多數公司的股本大部分由普通股提供。股東取得股票時，也獲得公司權益的一部分。國際會計準則第32號定義權益股。普通股股東擁有分享公司盈餘與資產的法律權利，並且

擁有若干與管理有關的權利和義務。普通股股東沒有決定股利的權利。每年董事會決定是否發放股利，以及股利的金額。

　　國際會計準則第1號要求揭露股本的細節，並把股東利益分成三部分：發行股本、公積和累積盈餘或損失。一家公司可能有數種普通股。股票可能附帶不同的投票權，有些股票每股可能有不只一票的權利。它們分配盈餘的權利也可能有優先或延遲的不同。

庫藏股

　　公司有可能買回（buy back）自己的股票，或者取消或持有自己的股票。這種情況就是庫藏股（treasury stock），是屬於公司權益的一部分。買回股票的結果是，減少流通在外的股數，並提高其餘股票的價值。國際會計準則第32號規定把買回股票揭露在權益變動表中。為了保護債權人，法律限制公司買回的股票比率。公司不能「交易」自己的股票，而如果這些股票以後賣出有獲利，這些獲利將留在權益項，不能列入損益表。國際會計準則第1號要求權益必須扣除庫藏股。公司出售、買進、發行或取消自己股票的獲利或損失，都不得列在損益表中。

優先股

　　優先股（preference shares）最早出現在19世紀，讓投資人以較低的風險參與公司。優先股股東通常比普通股股東先獲得股利支付，而如果公司結束營業，他們也比普通股股東優先收回資本。換言之，他們在股利和資本支付上有優先權。為了換

取這些利益，優先股通常有固定的股利率，且在公司管理方面的權利也很少，甚至沒有。發行優先股可讓公司以已知的成本（即支付的股利）籌集長期資本。不過，優先股股利不能扣抵稅額，和長期貸款支付的利息一樣。

公司可發行累積優先股（cumulative preference shares）。如果在一年間沒有足夠的盈餘可支付優先股股利，這項義務將被推延到次年再支付拖欠的股利，且仍然比普通股股東優先支付。優先股除了固定股利外，也可能附帶分享獲利的權利，這被稱做參與優先股（participating preference shares）。

通常優先股不能贖回，它們是公司永久資本的一部分，不能償還。但有時候公司也發行可贖回優先股，通常明訂被買回（贖回）的日期，或公司可能有權利在任何時候贖回。在罕見的情況下，公司可能發行參與式可贖回優先股。

可轉換股

可轉換這個名詞可用在股票或借款上。發行可轉換股（convertible shares）讓持有者擁有在未來某個時候把它們轉換成普通股的權利。

公司可能找銀行借款，並希望盡可能支付最少的利息，而銀行則希望利息和資本都獲得最大的安全。公司可能說服銀行收取低於平常水準的利息，交換可把借款在約定日期、以約定的價格公式轉換成普通股。如此銀行取得保障，因為提供的借款並非公司權益的一部分，而是借款。此外，如果公司營運良好且股價上漲，銀行可把借款轉換成股票而獲利。公司也可發

行可轉換可贖回優先股，但極為罕見。

公積

　　公積（reserves）是在資產負債表中挪出盈餘，並列為權益的一部分。有兩種公積：收入（revenue，或營收）公積和資本（capital）公積。公司存續期間累積的保留盈餘通常是最主要的收入公積。收入公積可自由以股利形式分配給股東。資本公積（法定或不可分配公積）不可自由分配，因此通常不能用做股利支付。股票溢價帳和重估公積就是資本公積的例子。當海外營運被轉換成母公司的貨幣以列入資產負債表時，起始和結束的帳面價值會出現差額。這種差額不列入損益表——它們尚未實現——因此被以公積列在權益中。

股票溢價帳

　　如果公司發行股票給新股東或既有股東時，是以一般票面價值發行給他們，當股票在證券交易所以高於票面價值的價格交易時，他們將因而獲利。假設股票面值為1美元的公司，考量現在市場的交易價格後，決定以4美元的價格發行新股，且新股都已被認購，這時候公司的資產負債表將隨著發行且被認購的股票而調整。

4美元現金＝4美元權益

　　每發行一股，公司就增加股本1美元。多出來超過面值（溢價）的3美元，是股東願意多支付以購買一股的錢。股票

溢價（share premium）必須顯示在不同的帳上，做為權益的一部分，且被視為資本公積。

4美元現金＝1美元股本＋3美元股票溢價

資本公積只能用於法定用途，例如，它不能用來支付股利給股東，但能用來彌補發行股票的費用。

保留盈餘

當公司創造並保留盈餘時，股東利益隨之增加。資產負債表上的保留盈餘，顯示公司存續期間保留盈餘的總額。保留盈餘屬於收入公積，它可用做支付給股東的股利，以及公司想運用的幾乎任何用途。

重估公積

公司可能被允許重估非流動資產。當非流動資產的公允價值增加時，將反映在資產負債表上資產價值的調整。國際會計準則第16號規定重估資產時採用公允價值——「在資訊充足且有意願的各方、以獨立公平的方式交易資產的金額」。

資產負債表應盡可能反映資產和負債的公允價值，不過，非流動資產價值提高，不必然代表公司立即的獲利。獲利只有在資產出售時才實現，並列於損益表中。在這個過程發生前，審慎原則（prudence rule）要求把資產價值增加留在資產負債表。股東對公司出售的任何資產都有權利，因此股東的股權（權益）在資產價值增加時也同步增加。重估公積（revaluation reserve）因此被創造出來，而資產負債表仍保持平衡。

權益變動

　　權益是所有資產算出其帳面價值，以及所有負債已支付後剩下的金額。剩下的──即公司的淨值或淨資產──就是所有資產和負債都清算後股東可得的金額。這通常稱做股東權益。股本和保留盈餘通常占權益的最大部分。如果公司買回股票（庫藏股），它們將以成本顯示，並從股東權益扣除。國際會計準則第32號要求這項資訊包含在權益變動表中。

　　損益表提供年度所有營業利益和支出，以及稅後盈餘（淨利）的細節。數項會計準則要求有些利得或損失不列入損益表，而直接列入權益。有些交易是與股東直接發生，如股利支付或發行股票。國際會計準則第1號規定權益變動表要列入公司年度報告中。收支認列表（SORIE）是以年度的淨利（稅後盈餘），調整計算損益表所有未認列項目的結果，其中包括除了發行股票或發放股利以外的所有權益變動（發行股票和發放股利將列於表中的附錄）。最後的步驟是凸顯年度的總認列收入，並顯示分別列為權益和少數股東權益的數字。

　　典型的收支認列表包括：

資產重估收益	XX
換匯差額	XX
精算估價變動	XX
現金流量與淨投資避險	<u>XX</u>
淨利直接認列為權益	**XX**

當年盈餘	XX
當年總認列收益	**XX**
股東應得股權	XX
少數股東權益	XX

　　國際會計準則第8號要求任何因為會計政策或過去會計錯誤導致的變動所做的調整，應顯示出來並加以說明。

　　公司可能提出權益變動表（SOCE），其中包括與股東的所有交易，如發行股票、發放股利。此表應能說明年度內淨資產變動的原因。該表以權益的期初結餘開始，然後對包括年度淨利在內各項目的必要調整，以算出權益的年終數字，可呈現在資產負債表上。

　　典型的權益變動表包括：

1月1日股東權益	**XX**
年度淨利	XX
外匯轉換	XX
精算利得或損失	XX
股利	XX
發行股票	XX
12月31日股東權益	**XX**

　　參考資料可能包括「綜合淨利」（comprehensive income），其定義是年度的淨資產變動，但只限於與股東的交易（發行股票與發放股利）。國際會計準則理事會和財務會計準則委員會都希望以單一的綜合淨利表來取代損益表和權益變動表。

非流動負債

　　權益是公司財務的永久來源，而流動負債（年度應支付的債務）則是短期來源。資產負債表上介於這兩個極端間的第三個負債方塊區，則是非流動負債（長期債務與借款）。它們是不必在年度內償付的資金來源，通常被稱做債務（debt）。大多數公司的債務由長期債務和中期與長期借款構成。

　　資產負債表的附註應提供償付所有借款的詳細日期，以及支付的借款利息。通常公司會以債券做為長期資金來源。債券是以公司資產做擔保的借款，通常有約定的利率和固定的償付日期。公司有可能發行可轉換債券（convertible debenture），提供類似前述優先股的權利。

　　大筆借款償付的日期接近時，是評估公司未來存續的重要因素，因為公司到償付日期時須備妥必要的現金。

　　另一種借款方式是透過債權股額（loan stock）。債權股額不屬於權益（普通股股權）的一部分，也不一定有轉換成普通股的權利。通常它與認股權證一起發行。債權股額不可轉換，但認股權證允許持有者在約定的未來日期和價格下，購買固定數量的普通股。對公司的好處是，債權股額只有在設定的贖回日期才應償付，而新資本可以透過認股權證籌募。

流動負債

　　對會計師來說，流動這個詞代表短期，而短期則代表不到一年。因此流動負債（應償付的債務）是資產負債表的日期之後12個月內，公司預期要履行的償付義務。

資產負債表裡的流動負債區塊，通常包括四個主要項目：

- 應付款項與其他應付項目
- 短期借款
- 應付稅款
- 準備

應付款項的數字，包含了公司購買年度內交貨的產品與服務應支付給供應商的款項。對大多數類型的供應商，公司會在30到60天內支付，即從產品或服務交貨後一至二個月內付款。任何無需在12個月內償付的債務不屬於流動負債，將列入資產負債表中的非流動負債。

在公司償付債權人前，公司是在運用債權人提供的現金。因此債權人是公司的資金來源。公司若運用短期債務支應營運所需超過可接受的水準，會被視為採用太過激進的財務策略，或過度擴張營運。

所有必須在資產負債表日期12個月內償付的借款，都被列為流動負債。在英國，屬於短期彈性借款的透支（overdraft），理論上應要求立即償付，因此被列為流動負債。即使與銀行達成把透支當做永久資金來源的協議，透支仍是流動負債。

流動負債顯示的稅款數字，是公司在下一會計年度應付的稅額。記住，年度報告的盈餘與實際支付的稅款不一定相同，這時可能有「遞延稅款」的項目，代表應付稅款與損益表認列稅款間的差異（參閱第三章）。

　　稅款差異的原因之一是，公司可能藉直線折舊法來折舊其非流動資產，但在計算應稅的獲利時，卻利用不同的折舊法——通常用加速折舊法。公司可能利用投資獎勵規定，以資產成本的125%做爲准列折舊額；或在第一年營運時可以從應稅收益扣除總成本。損益表中計算年度盈餘時的費用金額，和計算稅時的金額會出現差異。部分稅會被「遞延」至未來的年度。

準備

　　「準備」（provisions）這個名詞可能出現在資產負債表的非流動或流動負債中。當公司可能會有未來必須償付的債務，但金額不確定時，謹愼的做法是指定償付的資源，即提撥準備。準備是「時間和金額不確定的負債」，其提撥的時機有：

* 公司因爲過去的事件，而現在或在可推測的未來將負有義務時；
* 未來可能需要藉資源外流帶來的經濟利益來履行這種義務時；以及
* 能以可靠的估算來決定義務的金額時。

　　國際會計準則第37號建議以使用現值（present value）計算，以提升所提供資訊的品質。舉例來說，當公司出售產品給顧客時附帶了更換保證。有些產品將需要更換，公司應準備履行義務。不過，需要更換的產品數量無法精確計算，公司根據過去的經驗估計一年內銷售的產品只有1%需要更換。如果公

司賣出這項產品1萬個，而更換成本為每個50美元，就必須提列5,000美元的準備。

第一年更換50美元 × （10,000×0.01）＝ 5,000美元

更換保證的估計成本5,000美元，將列為年終流動負債的一部分。對持續超過一年的負債，國際會計準則第37號要求以折價技巧提供現值（參閱後續說明），而其準備則列在非流動負債中。

準備原本是用來讓公司顯示它們已謹慎地撥出資源，以便履行「未來可能發生，或確定會發生，但不確定金額或日期」的支出。不過，公司很快就發現，它們可利用準備來美化盈餘。例如，公司可以為關閉一項營業的預期損失，或併購後大規模整頓的成本提列準備。一年獲利的一大部分可能被提列為準備。然後這家公司可能發現，為該事件提列的準備過多，且可藉拿回這些準備來提高未來的年獲利。這稱做「洗大澡」（big bath）或「廚房水槽」（kitchen sink）的準備。它們提供簡單而有效的技巧，可供主管讓公司轉虧為盈。第一年失望的投資人，第二年將很樂於看到「獲利」回升。

洗大澡式的準備實際上已被國際會計準則第37號禁止，這項規範明列了準備的提列準則。管理階層不能任意提列準備，公司必須有無法逃避的義務時，才能提列支出的準備。有一項簡單的「年終測試」：如果公司在資產負債表日期終止營運，是不是還必須履行提列準備的支出？如果不必支出，提列的準備可能與未來的營業活動無關。

或有負債

有時候公司面對未來可能發生的事件，卻很難估量其影響，例如牽涉一樁結果難料的法律訴訟。國際會計準則第37號定義或有負債（contingent liability）為：

> 為過去的事件可能衍生的義務，其存在的確認端賴一個或多個非由實體所能完全控制的不確定未來事件的發生或未發生。

由於難以精確衡量，因此它不能認列於財務報表中。不過，年度報告應讓讀者知道其存在，因為它將影響讀者對公司的看法。這項資訊將提供在年度報告的附註。也有公司把或有資產（contingent asset）列在附註中，雖然很少見。

資產

國際會計準則理事會架構定義資產為：

> 企業因為過去事件而擁有的資源，並預期未來將為企業帶來經濟利益。

資產負債表的資產欄有兩個區塊：非流動或長期資產（過去稱做「固定資產」），以及流動或短期資產。非流動資產主要是有形資產，如用以從事公司營運的實體資產，包括土地與建物、廠房與設備、車輛、裝備與裝置。

非流動資產

　　非流動資產分成兩類：有形與無形。有形資產有一定的使用年限，投資在這上面會讓公司花費數年的財務資源。有形資產在使用年限中會折舊、攤提或註銷。它們以帳面價值顯示在資產負債表——通常低於累積的折舊。

　　國際會計準則第16號提供了有形資產資訊揭露的準則。資產負債表上的廠房與設備往往只有一個單一數字。它們是公司持續從事營運活動使用的資產。顯示的數字是它們的資產負債表價值，而非淨帳面價值或註銷價值，代表它們的成本（或公允價值）減去使用期限的累積折舊。

　　認列（列入帳中）一項資產時必須有明確定義的成本，或可以明確估量的價值。評估資產的價值有幾種方法：歷史成本、現時重置成本、可實現淨值、現值（減去預期未來的現金流量）或公允價值（市值）。購買價格或成本通常是估價的基礎。當購買的資產非以現金支付而是用其他方法——發行股票或資產交換——時，通常在可能的情況下會以公允價值做為估價基礎。

　　資產的初始成本可能包括所有讓它開始運作的必要支出——勞力、原料和其他成本都被資本化——只要加起來的帳面價值不超過其公允價值。

　　正如資產負債表上出現的所有數字，你必須從附註中找尋有用的細節。每一項主要的有形資產至少應該包括下列細節：

- 年初的成本或公允價值；

- 年初認列的累積折舊；
- 年度內認列的折舊；
- 年度內的增益或處分；
- 年終的淨帳面（資產負債表）價值；
- 永久持有（freehold）與租賃（leasehold）財產。

政府補助

　　政府補助（government grants）或獎勵常用在鼓勵投資廠房與設備。國際會計準則第20號允許政府補助從資產價值扣除，或顯示在資產負債表的「遞延收益」，並在資產使用年限中註銷。不管採用何種方法，公司報告的盈餘是一致的。例如，公司以10,000美元收購一項資產，並獲得政府補助2,000美元。該資產的預期使用年限為四年。這項資產顯示在資產負債表上為8,000美元，每年折舊2,000美元。另一個資產負債表顯示的方法是，資產價值為10,000美元，遞延收益為2,000美元。該資產每年折舊2,500美元，每年的遞延收益500美元，因此在損益表上每年的淨費用為2,000美元。

費用資本化

　　過去公司在決定是否把費用資本化（capitalisation）上向來很有彈性。這指的是不把費用列在損益表上，而列為資產，並藉由降低從收益減去的費用來增加盈餘。目前只有與非流動資產有關的借貸成本被允許資本化，因為運用它們的時間較長。國際會計準則第23號規範費用資本化，把成本加在資產

的帳面價值，並依其存續期間認列爲費用（列入損益表），做爲折舊費用的一部分。

折舊

國際會計準則第16號定義折舊（depreciation）是「一項資產在其使用年限以有系統方法折舊的金額」。折舊並非嘗試估算一項資產價值的改變，而是用來在其可用的年限，將它的成本列入損益表中。折舊可視爲提列收益以供做未來替換實體資產。除了土地，所有資產都會在使用年限中折舊。隨著資產被使用，它們的價值也遞減。它們會損耗或老舊過時，需要替換以便維持或提高企業的生產效率。

折舊是準備的一種形式，提列目前的收益以因應未來會發生的情況，因此它在資產負債表像保留盈餘一樣，顯示爲權益的一部分。

權益	美元	非流動資產	美元
折舊準備	100	有形資產成本	200

不過，傳統的做法向來在資產負債表中把折舊從資產價值扣除。

非流動資產	美元	美元
有形資產成本	200	
減去折舊	<u>100</u>	100

折舊在損益表被列爲費用；這會減少財報的盈餘。折舊也從資產負債表的非流動資產價值中減去，因此減少了公司資產

的價值。損益表中列出使用資產的費用，並調整資產負債表做為補償。參考第三章討論的折舊費用細節。

通貨膨脹與非流動資產

通貨膨脹會使資產的估價變得更複雜，因為年初的1美元可購買的東西超過年終1美元的購買力。當通貨膨脹低時，採用歷史成本——即購買資產時的成本——做為估算公司資產與折舊價值的基礎很合理。

公司若未重估1980年代購買的不動產價值，在資產負債表上會碰到兩個問題：第一，該不動產將被低估，因為替換它所要花的錢將超過1980年代的數字。低估資產可能提高公司財報的獲利，因此產生低於現實的折舊費用，但這可能使公司變成吸引人的收購目標，因而很危險。如果公布的資產負債表價值被用來決定收購價格，它將遠低於公允價值（目前的市價）。第二，如果不動產需要替換或重大維護投資，公司藉由折舊提列的資金可能不夠用。

例如，一位創業家投資10,000美元在2003年創立公司，資金用來購買一項非流動資產。

這時候的資產負債表顯示為：

	美元		美元
非流動資產	10,000		
現金	0	股本	10,000

該資產的使用年限為五年，根據國際會計準則第16號，它每年在損益表上折舊或註銷2,000美元。每年該公司獲利

2,000美元（折舊後）。在2008年，該公司的資產負債表可能顯示如下：

	美元			美元
非流動資產成本	10,000		股本	10,000
減去折舊	10,000	0	保留盈餘	10,000
現金		20,000		20,000

20,000美元的現金餘額是五年保留盈餘（2,000美元）和五年折舊（2,000美元）的結果。這家企業的規模從2003年到2008年擴大為兩倍。

這位創業家決定更換資產並繼續營運。不過，到2008年底，購買與2003年一樣的資產成本要20,000美元；這個價格因為通貨膨脹而提高為兩倍。新投資完成後，資產負債表顯示如下：

	美元			美元
非流動資產	20,000			
現金	0	20,000	股本	20,000

這家公司現在的財務狀況和五年前完全一樣；它擁有一項新資產，但沒有現金。這家公司真的賺了資產負債表上顯示的10,000美元嗎？如果它繳納50%的稅，它在2008年底將必須借錢來更換那項資產。這個例子顯示財務報告在通貨膨脹情勢下的問題，以及公允價值會計的好處——採用目前的資產與負債市值。

忠實呈現的優先原則（審慎原則）與資本保全（參考第六章）的原則呼應，它要求公司在財報程序中將通貨膨脹的影響

納入考量。公司財報有許多方法可以反映通貨膨脹的影響，其中之一是利用適當的通膨率，如零售物價指數，用於反映公司資產和負債的目前價值——現時購買力（current purchasing power, CPP）。最簡單的方法是使用公允價值——目前的市值——做為估算資產和折舊率的基礎。國際會計準則第29號規範惡性通貨膨脹的問題。

資產重估和出售

歷史價格或價值重估提供了有形非流動資產會計的基礎。在通膨情況下，使用歷史價格做為折舊的基礎將高估實質盈餘。重估資產將克服這個問題。國際會計準則第16號要求以公允價值——目前的價值——做為任何資產重估的基礎。當一項資產重估時，所有其他類似的資產也必須重估。這可避免同一類資產採用不同估價方法的潛在問題。任何重估的金額都被列入權益的重估準備。

重估準備創造後，將留在權益中。資產價值增加不能列入損益表。如果重估一段時間後，資產的公允價值下跌，損失的價值將從重估準備中扣除；它不會列入損益表。

如果公司花100,000美元購買一項資產，預期使用年限為10年，它在五年後的年終帳面價值將是50,000美元。如果這時候資產重估為70,000美元，將創造20,000美元的重估準備，而資產負債表仍會保持平衡。在剩餘的五年間，折舊費用將是每年14,000美元（70,000美元÷5）。它將在損益表記錄10,000美元費用（和前幾年一樣），和從重估準備減去4,000美元。

　　兩年後的帳面價值為42,000美元，而這項資產以50,000美元賣出。國際會計準則第16號要求出售的獲利8,000美元列入損益表中，而重估準備的12,000美元（20,000美元減去8,000美元折舊）轉移到保留盈餘。

外匯

　　如果公司在別的國家營運、投資或收購，通常是以外國通貨交易。外國的子公司將以當地貨幣作帳。為計算集團財務，它必須轉換成母公司的貨幣。國際會計準則第21號提供外匯轉換的準則。你會發現牽涉外國營運的貨幣有三種不同的定義：

- 當地貨幣（local currency）──子公司的財務紀錄使用的貨幣。
- 功能貨幣（functional currency）──母公司營運使用的貨幣。
- 報告貨幣（presentation currency）──集團財務報表使用的貨幣。

　　也可以參考下列定義：

- 即期匯率（spot rate）──交易日期的匯率。
- 結算匯率（closing rate）──資產負債表日期的即期匯率。
- 平均匯率（average rate）──年度的平均匯率。

　　如果匯率保持不變，會計師就可省很多事。遺憾的是，對會計師和公司來說，匯率總是不斷波動，不僅每年不同，甚至

每分鐘都在變動。

　　舉例來說，如果一家公司在法國以100,000歐元購買一部機器，當時匯率為1美元＝1.25歐元，它呈現在資產負債表將是80,000美元（100,000歐元除以1.25）。如果該機器是以信用購買，到了年終的價款仍未支付，而匯率已變成1美元＝1.1歐元，應付帳款將重列為90,909美元（100,000歐元除以1.1），而外匯轉換的差額為10,909美元（損失）將列入損益表。

　　如果100,000歐元（匯率為1美元＝1.25歐元）代表國外子公司在年初的收購，而到年終匯率變成1美元＝1.1歐元，那麼10,909美元的外匯差額將被不被列入損益表，而直接列入權益（國際會計準則第21號）。

　　如果一家英國公司出售一部10,000美元的機器給美國顧客，當時匯率為1美元＝0.63英鎊，交易將被記錄為銷售，應收款項為6,300英鎊。如果到支付日期英鎊兌美元升值到1美元＝0.57英鎊，收到的帳款只有5,700英鎊，匯兌損失600英鎊將必須認列在損益表中。

　　如果公司不是在外國從事一般營運和投資，而是進行併購，就必須準備集團帳戶。要將子公司納入集團帳時，需要遵守一些基本程序準則。要決定最能反映年度營運的匯率（為損益表），和反映年終財務狀況的匯率（為資產負債表），有幾種不同選項：

- 平均匯率用於全年；
- 當時的匯率用於交易（即期匯率）；

- 財務年度結束時的匯率（結算匯率）。

以年終時的匯率轉換集團的海外資產與負債（用於資產負債表上），是合理而務實的做法。最常見的做法是，以資產負債表日期的匯率，將國外子公司的淨值納入帳上。任何盈餘或虧損都不列入損益表，而是留在母公司的權益。營業交易則以交易當日的匯率或平均匯率，將獲利或虧損列入損益表裡。

避險

謹慎的公司為潛在的風險投保，以降低或最小化其外匯曝險，通常是可被接受的。例如，公司可能借進外匯，其金額等於它打算在國外子公司投資的金額。或者這家公司可能買選擇權的「賣權」（put），以便未來以約定的金額出售其長期投資。這種策略稱做避險（hedging），以便讓任何匯率變動同時在資產負債表的資產和負債兩方都自動調整。國際會計準則第7號要求各種避險都必須揭露並詳細說明。

別把避險跟避險基金（hedge fund）混為一談。避險基金——以「為賭注避險」得名——是私人投資公司，管理顧客投資的錢，不只透過財務工具，而是利用幾乎各種方式，投資在幾乎任何可獲利的地方。

避險不只用在外匯和國外營運，也用來保護公司免於利率的變動、現金流量曝險，或特定的資產價格。國際會計準則第39號規範公允價值和現金流量避險的會計。

大多數避險透過使用衍生性金融商品（derivatives）。這是

個艱澀的主題，真正需要知道的是，當看到提及避險會計時，就是公司自認已採取必要措施來因應與併購或持有資產有關的潛在風險。

　　避險會計會調整避險項目或避險工具獲利或虧損的認列時機，以便它們出現在同一會計期間。

財務工具

　　財務工具（financial instruments）的報告是個複雜的問題，需要遵循三種會計標準。國際會計準則第32號主要是關於債務與權益的定義，它對財務工具的定義是：

> 把金融資產賦予一個實體，並把金融負債或權益工具（equity instrument）賦予另一個實體的合約。

　　最常見的權益工具是普通股。銀行貸款是財務工具，應收款項和應付款項也是。

　　在1980年代，濫用複雜的財務工具組合（複合式財務工具）或衍生性金融商品很常見，它們把債務與權益混合，以便掩飾公司真正的借款水準。這種情況導致必須以更嚴格的會計標準來遏阻這個問題。以下是一些例子：

- 可轉換債——附帶未來特定日期可轉換為權益股票的權利，在之前則支付利息。
- 次順位債（subordinated debt）——萬一公司清算，它比股東優先獲得償債，但必須先清償其他所有債務。

- 有限追索權債（limited recourse debt）──只能追索特定資產。
- 高折價債（deep discount bond）──以償付價格的大幅折扣價發行的低利息借款。
- 零息債券（zero-coupon bond）──不支付利息。

　　國際會計準則第39號規範財務工具的認列與估算。2007年起適用的國際財務報告準則第7號則規範揭露要求。

　　所有財務工具都以合約成立時的公允價值認列，並顯示在資產負債表。有四類財務工具可能出現在資產負債表上：

- 以公允價格估算獲利或虧損的金融資產──持有的目的在於短期獲利。
- 持有到期的投資──持有並且無意出售。
- 放款與應收款項──不會在短期內出售。
- 可供出售的金融資產──任何其他金融資產。

　　一旦一項財務工具被分類，就不能移到其他類別。附註應該提供公司的金融風險管理目標，以及特定避險交易根據的政策等資訊。國際財務報告準則第7號要求公司提供充足的資訊給財務報表的使用者，以便評估財務工具對財務狀況與績效的重要性，並了解所涉風險的性質與程度。公司也需提供質量並重的資訊，以供財務報表使用者了解財務工具風險的性質與程度。

　　截至目前沒有單一衡量與估價方法或會計處理方式，可適用於所有財務工具。幸運的話，你研究的公司會在會計政策說

明中詳細解釋；遺憾的是，你無法確定研究的下一家公司會採用相同的方法。

　　國際會計準則理事會在2008年發表一份以「降低財務工具報告的複雜性」為題的討論文件，財務會計準則委員會也發表過類似的文件。未來財務報表中最艱澀的部分可望日趨簡化和容易了解。

衍生性金融商品與風險

　　衍生性金融商品這個詞適用於多種財務工具，它們可能很複雜，但所有這類工具都從根本項目「衍生」，如股價或利率。衍生性金融商品沒有或只有很少成本，因此傳統的歷史成本價值無法反映合約的財務重要性或潛在影響。

　　例如，利用咖啡豆、銅或石油等商品創造收入的公司，可能在遠期合約中同意未來支付固定的原料價格，以對抗未來可能上漲的價格。該原料變成這種商品期貨衍生性金融商品的根本項目。這家公司是為期貨市場的風險和不確定性避險，以便確保未來成本的確定性。提供衍生性金融商品的業者，實際上是押注未來的商品價格會低於約定的合約價格。

　　衍生性金融商品交易讓任何人都能進「賭場」，押注價格的漲或跌。霸菱銀行1995年倒閉，就是起因於李森（Nick Leeson）押注日本期貨市場失利。

選擇權合約

　　選擇權合約（option contracts）是常見的衍生性金融商

品。例如，X向Z買A公司1,000股股票的選擇權，每股3美元，可以在未來六個月任何時間執行權利。X是選擇權的持有者，擁有一項金融資產。Z有履行以每股3美元出售股票的義務（金融負債）。如果股價上漲超過3美元，X將執行選擇權並因而獲利。如果股價漲到3.20美元，X獲利200美元，而Z虧損200美元。

購買選擇權通常必須支付溢價（premium）。A公司股票是財務工具的根本，選擇權從它的價值衍生。3美元是選擇權的執行價格。如果選擇權未執行而失效，對X便沒有價值（「價外」〔out-of-the-money〕）；如果價格上漲超過3美元，它就變成「價內」（in-the-money）。

無形資產

一般認為，資產負債表上大多數列為非流動資產的資產，都屬於有形資產，但還有一些長期資產是所謂的無形資產。這種資產形成資產負債表上的第二類非流動資產。會計和審計人員通常不喜歡無形資產，因為它們有許多潛在問題。顧名思義，它們不是有形的項目，無法像廠房與設備以一般方法辨識和驗證。

國際會計準則第38號規範無形資產，並定義為「不具有實體，但可辨識的非貨幣資產」。它們是公司擁有的資產，並預期可用於創造未來的收益，且可分別辨識與衡量。無形資產可在非流動資產區塊裡找到，例如：

- **行銷相關項目**
  - 商業名稱或商標
  - 網域名稱和報紙名稱
- **顧客相關項目**
  - 顧客名單與關係
- **藝術相關項目**
  - 戲劇、歌劇、芭蕾、音樂作品與歌曲
  - 書籍、雜誌、報紙
  - 影音材料
- **合約相關項目**
  - 授權、權利金
  - 廣告合約
  - 租賃協議
  - 建築許可
  - 僱用合約
- **技術相關項目**
  - 技術與商業祕密（製程、公式）
  - 電腦軟體
  - 資料庫

品牌與專業知識

　　直到晚近謹慎的公司都不把商標、品牌或智慧財產權等知識類資產列入資產負債表。有時候無形資產被稱為「智慧資本」（intellectual capital），其定義如下：

持有的知識與經驗、專業知識與技術、良好關係和科技能力，應用時可帶給組織競爭優勢。

在1980年代末期的英國，一些以食品和飲料業爲主的公司，開始把取得或發展的品牌列爲資產負債表中的資產，認爲品牌是寶貴的商業資產，若把它們的價值排除在資產負債表外，可能導致公司價值被低估。許多公司視這類資產很重要似乎言之成理，像可口可樂、聖米高（St Michael）、麥當勞和肯德基等品牌，都擁有可觀的價值。

1998年制定的國際會計準則第38號是財務報告處理無形資產的第一套準則。品牌、軟體程式、著作權和類似的無形資產，爲會計師帶來許多問題，因爲它們沒有實體，而且經過許多年發展出來，其發展成本被列爲損益表裡的費用。無形資產的發展成本可能與它們的市值沒有關係。它們的使用年限超過一年，可爲公司帶來實質經濟利益，且可以出售。認定無形資產眞正價值唯一的時機是在購買或出售時。因此國際會計準則第38號不允許公司將內部發展的品牌或類似的無形資產資本化。瑪莎百貨（Marks and Spencer）並未把聖米高列入其資產負債表。

當公司買下一個品牌時，有明確的價值或價格，這時可將它列入資產負債表中的資產。克麗絲汀迪奧（Christian Dior）在某份資產負債表只顯示其收購的品牌，如 Veuve Cliquot（2.44億歐元），和 Parfums Christian Dior（6.1億歐元）。因此，如果想爲某家公司估價，忽視品牌或軟體程式這類無形資產將是不智之舉。

處理無形資產

研究公司年度報告中有關無形資產的附註很重要，尤其是它們第一次出現時。資產負債表的附註應提供它們估價的詳細根據。

有形資產會折舊；無形資產則要攤銷。無形資產的攤銷費用，取決於它們的使用年限被認定是有限或無限。通常直線攤銷法被用於有使用年限的資產。帝亞吉歐（Diageo）在2007年表示，該公司的主要品牌對營收的貢獻約占60%。這家公司估計旗下品牌的價值為40.85億英鎊，占總資產近30%，包括約翰走路（Johnnie Walker，6.25億英鎊）、Captain Morgan（5.98億英鎊）和Smirnoff（4.11億英鎊）。這些品牌都被認為沒有使用年限（無限），因此不攤銷，但它們的價值每年都重估。

估算公司價值或財務狀況時，處理無形資產可能是關鍵。有人可能認為，無形資產的價值本質上就具有爭議性，公司不應為這類資產估價；納入它們將使估算資產更困難，使公司的債權人和資金提供者無法獲得有效的保障。但另一種看法是，如果以持續營運為原則估算公司的價值，無形資產往往是不可或缺的部分，而且不應被忽略。雖然很難估價，它們是實際估算公司價值時不可少的部分。謹慎和小心的人可能主張去除無形資產，但商業現實可能看法相反。

商譽

會計師碰到許多困難的無形資產之一是商譽（goodwill）。商譽在企業併購（合併與收購）時衍生。國際財務報告準則第

3號和國際會計準則第27號處理企業併購和集團財務報表。商
譽的定義是，一家公司收購另一家公司時，支付超過其資產負
債表顯示的淨資產公允價值的部分。因此，品牌和其他無形資
產往往是商譽的一部分。

　　商譽是一項重要的無形資產，只有在兩家以上的公司交易
時發生。當一家公司收購另一家時，可能創造出商譽。在收購
時，可以個別辨識之子公司的所有資產與負債，都必須以公允
價值估價。國際財務報告準則第3號把商譽定義為：

　　　　無法個別辨識和分別認列的資產，所衍生的未來經濟
利益。

國際會計準則第38號的說明是：

　　　　企業併購時獲得的商譽，代表收購者預期無法個別辨
識和分別認列之資產的未來經濟利益。

　　商譽的計算很直接──收購價格減去可辨識淨資產的公允
價值。較複雜並引發許多爭議的是，資產負債表處理商譽的方
式。

　　例如，A公司提議以2,000美元現金收購B公司，兩家公
司的資產負債表如下：

美元	A	B		A	B
資產	5,000	2,000	權益	4,000	1,500
			應付帳款	1,000	500
	5,000	2,000		5,000	2,000

　　B公司有淨資產1,500美元。爲什麼A公司願意支付比B公司資產負債表價值多500美元的價格？可能有許多原因。B公司可能有品牌、專利或珍貴的研發等無形資產，這些無形資產雖然有價值，卻未列入資產負債表中。A公司可能希望獲得B公司管理團隊的才能、經驗和專業技術（管理團隊並未列入公司的資產負債表）。或者A公司可能認爲B公司未來可能創造持續不斷的獲利，因而願意支付較高的價格。

　　商譽只有在企業併購中發生：一家公司購買另一家公司。商譽並未每年重新估算，但它被納入每年進行的資產減值中。商譽對服務業或業務以人爲主的事業特別重要。如果一家廣告代理公司或保險經紀商被收購，我們可以合理假設主要資產將是公司員工和客戶合約，而不是有形資產。這類公司的淨值或資產負債表價值可能微不足道，但商譽價值卻很高。

　　A公司認爲2,000美元代表B公司淨資產的公允價值，因此是可接受的收購價格。B公司的股東同意後，它變成A公司的子公司，並必須準備綜合帳。每個人都很滿意，除了A公司的會計師。這椿交易有一個湊不起來的數字。A公司支付2,000美元買淨值爲1,500美元的B公司，帳冊上無法平衡。

　　支付現金　2,000美元　　　　收購資產　1,500美元

　　出去的現金有2,000美元，進來的資產只有1,500美元。爲解決這個問題，會計師只好在收購的B公司資產中加上500美元的商譽價值。帳簿現在平衡了。

　　支付現金　2,000美元　　　　收購資產　1,500美元＋商譽500美元

　　不管收購的公司資產負債表多龐大或複雜，也不管併購戰多激烈和險惡，商譽的計算方法都相同。

　　　　商譽＝總併購價格－併購淨資產的公允價值

商譽會計

　　商譽引發的激烈反對與爭議主要並非針對其計算方法，而是收購者的會計處理。500美元的商譽可被列爲A公司資產負債表上的資產，並在損益表上分合理的年數註銷（攤銷），或從權益的股東資金減去。

　　直到1998年，英國公司並不在損益表中註銷商譽，而是從資產負債表的準備直接認列費用。因此，去掉商譽有可能對損益表上的盈餘不會造成影響。當國際財務報告準則第10號發布後，英國才開始與大多數國家採用的方法接軌。商譽被列爲資產負債表中的資產，並依其估算的使用經濟壽命——通常不超過20年——採用直線攤銷法註銷。國際財務報告準則第3號在2004年公布，把因併購發生的商譽視爲沒有使用年限的無形資產，因此無須攤銷。

負商譽

　　併購的價格有可能低於資產負債表上淨資產的價值，因爲可能是收購者談成了較低的收購價格，或被收購的公司營運虧損，未來的獲利展望不樂觀。例如，寶馬（BMW）以1英鎊價格賣出路寶汽車（Rover）部門。路寶在新管理團隊下也未撐多久。國際財務報告準則第3號要求負商譽（negative goodwill）必須立即認列，並在損益表上記載為收益。

收購與合併

當一家公司收購另一家時，收購者必須把併購（acquisitions and mergers）列為帳冊的非流動資產──「投資在子公司」。國際會計準則第27號要求母公司必須準備綜合帳或集團帳。

公司可能為資產負債表外（off-balance sheet）的租賃或其他活動，而成立特殊目的實體（special purpose entity, SPE）或可變利益實體（variable interest entity, VIE）。雖然母公司對這類公司沒有法律控制權，它們仍應被視為一般子公司，並依「實質勝於形式」原則納入綜合帳。母公司與子公司真正的關係應載明於相關附註中。

現在再借用前面的例子，但是A公司的資產負債表顯示交易的現金被減去2,000美元，並以投資B公司股票取代，價值為2,000美元。當收購完成後，子公司的所有資產與負債必須由母公司以公允價值認列。B公司的資產公允價值為1,500美元，商譽則為500美元。這是處理企業併購的「併購會計」或「收購會計法」。

美元	A	B		A	B
資產	3,000	2,000	權益	4,000	1,500
投資B公司	2,000	___	應付帳款	1,000	500
	5,000	2,000		5,000	2,000

國際會計準則第27號要求使用累加法呈現綜合帳，「（合

併）條列母公司和子公司的資產、負債、權益、收益和費用，並將各項加總」。在收購之後，公司必須準備綜合資產負債表。

集團AB（美元）

資產	5,000	權益	4,000
商譽	500	應付帳款	1,500
	5,500		5,500

少數股權

在實務上，收購公司的股權往往少於100%。原則上當50%以上的公司股權被另一家公司收購時，就必須把這家公司納入母公司的綜合帳。如果80%股權被收購，剩下的20%就是少數股權（minority interest）。國際會計準則第27號定義少數股權為：

> 非由母公司直接或間接擁有的股權，所應分配的獲利或虧損和淨資產。

如果A公司以2,000美元收購B公司的80%股權。A公司仍然控制B，它擁有B公司多數股權，因此取得一家必須列入綜合帳的子公司。商譽為800美元，因為A公司支付2,000美元收購B公司的1,200美元淨資產（1,500美元的80%）。B公司的少數股權20%（300美元）由非A公司的外部股東持有。B公司不是一家獨資的子公司。國際會計準則第27號要求「少數股權應該列入綜合資產負債表的權益，與母公司股東的權益分開」。少數股權被視為集團的權益貢獻者，而非債權人。這

被稱做「綜合權益概念」，少數股權被視爲在集團的總權益中占有一部分。公司的權益（4,000美元）將顯示爲資產負債表總權益4,300美元（包括少數股權）中的一部分。

集團AB（美元）

資產	5,000	權益	4,000
商譽	800	少數股權	300
		負債	1,500
總資產	5,800	總負債與權益	5,800

該少數股權（300美元）也擁有分享B公司盈餘20%的權利，將顯示在綜合損益表的另一行，做爲年度集團淨利或淨損的分配。少數股權的細節也將列在權益變動的綜合表中。

股票而非現金

A公司可能考慮發行股票以收購B公司，而不動用現金。如果A公司票面價值1美元的股票在股票交易所報價爲2美元，可以發行1,000股（2,000美元）以交換B公司。如果B公司股東同意，這椿收購就可成交而無需牽涉到現金。B公司現在已是A公司的獨資子公司，而集團資產負債表將顯示：

集團AB（美元）

資產	7,000	股本	3,000
商譽	500	股票溢價	1,000
		準備	2,000
		負債	1,500
總資產	7,500	總負債與權益	5,500

股票溢價從每股2美元發行1,000股股票產生。

權益結合

在2004年採用國際財務報告準則第3號前，收購可能被以「合併會計」或「權益結合法」（pooling of interests）處理。1998年，戴姆勒—克萊斯勒的合併就採用這種當時美國一般公認會計原則允許的方法。它假設兩家公司合併在一起經營一個聯合事業，而非一家公司併購另一家。兩家公司共同擁有管理權和分享集團盈餘。其中沒有產生商譽，而資產則被以帳面價值——未必是公允價值——列入綜合資產負債表。國際財務報告準則第3號禁止併購以權益結合法處理。現在只要有資產減值就可以註銷商譽。

反向收購

有時候會出現收購者變成被收購公司的子公司。反向收購（reverse takeover）發生在一家小公司收購大公司時。收購者發行足夠的股票，交換被收購的股票，以取得控制。對企業合併會計來說，重要的是哪家公司擁有控制股權——收購者。

聯合、合資和重大利益

有數項會計準則處理一家公司投資另一家公司的各種問題：國際財務報告準則第3號（2004年取代國際會計準則第22號，並在2007年修訂）涵蓋企業合併（business combinations）；國際會計準則第27號處理綜合財務報表；國際會計準則第28號處理投資關聯企業（associates）；國際會計準則第31號處理合資企業（joint ventures）。

　　合資企業是兩家或兩家以上的公司，共同持有另一家公司。合夥內容包括共同營運和共享事業的決策與控制權。國際會計準則第31號定義合資企業為：

> 兩方或更多方從事共同控制之經濟活動的契約協議。

　　合資企業自行製作帳冊紀錄和提出財務報表。牽涉的各方通常有分享盈餘的協議。

　　關聯企業是投資人擁有財務利益或投資，以及部分控制權的企業。國際會計準則第28號定義關聯企業為：

> 投資人擁有重大影響力……，但非為子公司或合資企業的實體。

　　關聯企業和合資企業在資產負債表被列入非流動資產。

　　當一家公司擁有或控制另一家公司50%以上的股權時，後者就被視為子公司，並被納入母公司的綜合帳。如果A公司擁有B公司不到50%股權，便是少數股東，B公司將在A公司的資產負債表中被列為非流動資產的一部分，而從B公司每年分得的盈餘被列入A公司的損益表，成為「關聯企業的盈餘分享」。

　　20%的股權已逐漸演變成定義「控制」的簡單標準，美國一般公認會計原則即採用這個標準。如果一家公司擁有另一家公司的股權不到20%，它在資產負債表被視為投資關聯企業，從中獲得的收益被列入損益表。

　　通常很難判斷一家公司控制另一家公司的程度。這是一個

1990年代許多人探討的灰色地帶，當時關聯企業和合資企業是成立特殊目的實體（SPE）或特殊目的機構（SPV）常見的方法，允許公司偽裝它們參與一項活動的真正情況。一家公司有可能藉以偽裝真正的債務狀況，創造虛假的營收和獲利。恩龍公司透過利用複雜的特殊目的機構網絡（在崩垮時有約3,000家）對投資人宣稱有獲利，並隱瞞龐大的債務。記住一則黃金定律：如果你無法了解一家公司做什麼，或獲利來自何處，就得當心了。

持有20%到50%股權則被視為擁有某種程度的控制。國際會計準則第28號詳細列出可定義為重大利益或影響的因素，如控制董事會或積極參與管理決策。即便在一個投資人對另一家公司沒有法定控制權、但能控制該公司的情況下，也必須綜合納入投資人的帳——實質重於形式原則。

權益法與比例綜合法

對關聯企業與合資企業來說，「實質重於形式」是呈現財務報表的基本原則。權益法（equity method）會計被用來把關聯與合資企業納入財務報表。國際會計準則第28號提供這種方法的準繩，類似子公司的會計做法。整體的目的是顯示對關聯企業的投資，等於投資人持有關聯企業權益的比例，且每年調整其股利和準備的變動。投資人資產負債表的非流動資產裡，初期將投資列為其成本，並每年調整投資分配的獲利或損失——獲利或損失則列入損益表。關聯企業不能產生商譽——它不是子公司——但每年必須進行減值評估，而且在必要時，

減去投資的帳面價值。關聯公司的詳細說明必須在財務報表的
附註中提供。

　　權益法是對投資提供資訊的簡單方法，但不一定要全部披
露其財務影響性。例如，資產負債表中可能未披露關聯公司的
龐大借款，而只有投資人分享其淨資產的部分。關聯企業的獲
利品質也未披露。你必須仔細閱讀針對關聯企業和合資企業所
提供的所有資訊。

　　國際會計準則第31號致力於確保經濟實質重於形式，因
而提議以比例綜合法（proportionate consolidation method）處
理合資企業。採用這個方法時，投資人的資產負債表將顯示擁
有所共同控制的資產與負債部分，並在損益表呈現收益和費用
的部分。擁有的每一項資產與負債、收益和費用部分，都加進
投資人自己財務報表的各個項目。通常合資企業的詳細說明會
在財務報表的附註中提供。

流動資產

　　持有流動資產的目的在於營運。資產負債表中這個區塊的
三大項是存貨、應收款項（債務人）和現金。任何在流動資產
中呈現的項目都可被視為現金，或在公司正常營運周期（通常
為12個月）中可轉換成現金。

存貨

　　年終存貨（inventory）通常包含各種原料、半成品和成
品，在英國有時候被稱作庫存（stock）。對零售公司來說，年

終存貨包含的幾乎全是商店或倉庫中的成品。國際會計準則第2號定義庫存為：

> 在正常營運過程中或在製造過程中，持有供銷售的資產；或在製造過程或提供服務中，持有供消耗的原料或供應品。

存貨估價的基本原則是，呈現在資產負債表上的價值應低於成本或淨可實現價值──成本或公允價值。資產負債表上的數字應低於它製造或取得的成本、且可合理預期別人願意支付購買它的價格。

應收款項

應收款項（債務人、應收帳款）代表顧客因為公司已提供的產品或服務而積欠、且到了年終尚未支付的款項。年終尚未支付的金額被列為應收款項。

如果公司在年度內出現呆帳，應該列入損益表。公司每年提列呆帳或問題帳準備是一個標準做法；某個比率的銷售營收被假設無法收回。出現在資產負債表上的應收款項數字，是公司合理預期在未來幾週、依正常營業條件與狀況可以收回的好帳。

顧客會在二或三個月內支付大部分的銷售。當「長期應收款項」或「遞延」應收款項或收入出現時，要提高警覺。這表示公司已經完成銷售，但把部分或全部收益轉到未來的年份，可能是盈餘波動過大或不確定的粉飾手法。或者公司可能銷售

遭遇抗拒，因而提供顧客極優渥和長期的信用條件。

現值會計

財務報表採用現值會計（present value accounting）已愈來愈普遍。在美國，觀念公報第七號（Concept Statement 7）提供計算公允價值的準則。

如果公司以12個月免息的條件銷售一項產品給顧客，損益表上的收入和資產負債表上的應收款項，應該呈現什麼數字？應該是10,000美元的現值（present value, PV）——一年後應收回的10,000美元現值。如果合宜的利率為10%，它就是9,091美元（10,000美元×0.9091）。9,091美元代表在利率10%的情況下，你現在必須投資的金額，以便一年後獲得10,000美元——這是你可以自己證明的簡單算術。在次年，909美元的「利率」將被認列在損益表。

這種計算要使用折現表，或者更方便的Excel這類試算表的內建功能。如果在利率10%的情況下，五年後要收回10,000美元，其現值是6,209美元（折現係數為0.6209）。這個數字代表在複利10%下現在必須投資的金額，以便五年後累積到10,000美元。折現是複利的相反。也有一些年金表可用來計算定期的收益流或費用流。在10%利率下，五年收益流的年金現值為3.7908。因此，若利率為10%，五年每年1,000美元的現值是3,791美元。

未來現金流的風險與不確定性應該儘可能列入帳中。可使用機率來計算預期數值。

單位：美元

可能的現金流量	10,000	40,000	60,000	
機率	20%	60%	20%	
預期數值	<u>2,000</u>	<u>24,000</u>	<u>12,000</u>	**<u>38,000</u>**

現金流量的預期數值是38,000美元。估算資產時要採用公允價值——預期的現金流量使用適宜的折現率後得出的現值。一年期38,000美元的應收款項使用10%折現率，可算出資產負債表上的公允價值34,546美元（38,000美元×0.9091）。

應收款項讓售與證券化

公司有時候利用應收款項讓售（debt factoring，或稱債權貼現），把應收款項和其他債權「出售」給其他的公司，以立即取得供營運使用的現金。這些應收款項以折扣價賣給稱作讓售者（factor）的中間商，取得全額的到期金額。應收款項讓售通常「可追索」，如果顧客未能支付款項，允許中間商向公司追償。另一種安排則是「不可追索」，這時中間商將要求較高的折扣。任何重大的應收款項讓售安排應在年度報告的附註中提供。

「證券化」（securitisation）這個詞可能與應收帳款或其他資產有關。它指的是包裝資產供出售，以創造立即的現金流。這種做法首見於1970年代的美國銀行業，用以出售抵押貸款籌資。

2007年的信用危機可能起因於過度和浮濫的證券化房貸交易。瑞士信貸（Credit Suisse）在2000年發行約3.4億美元的抵押債權憑證（CDO），其中5%屬於次級債務（sub-prime debt，

爲美國的抵押貸款）。到2006年底，這些抵押債權憑證價值損
失1.25億美元。

　　簡單的次級房貸定義是，抵押貸款的金額超過房地產價值
——確實是危險的營運方式。金融機構將高度可疑的（次級）
房貸包裝在一起出售，輕率地玩起「傳遞包裹」的遊戲。一旦
樂聲嘎然停止，手上拿著包裹的幾家大公司和它們的執行長便
付出慘重的代價。

現金與投資

　　現金的定義是一家公司在資產負債表日期持有的現金，包
括所有可及時償還的存款，並減去所有透支。這些項目通常被
稱作約當現金或流動資金。投資只有在屬於短期性質時才被列
入流動資產。資產負債表這部分顯示的任何投資都被視爲流動
資金，亦即可在相當短的時間轉換成現金。

資產減值

　　要評估公司的績效和財務狀況，必須獲得所評估資產的合
理數值——理想狀況下是它們的公允價值。如果公司資產價值
下跌，且不太可能回升——永久性的減少——資產負債表應加
以反映，損益表也應列出損失。

　　資產不應故意高估：資產負債表上顯示的資產價值，不
應高於可實現的價值。2004年修訂的國際會計準則第36號要
求公司對流動與非流動資產，定期作減損測試（impairment
test），以確保它們的帳面價值不超過公允價值減去銷售成本

（可回收金額）。

包括商譽在內的所有無形資產每年一定有減損，因爲這些資產的價值被認爲比資產負債表上的其他資產更不確定。併購後的第一年底，公司必須重新評估相關商譽以做減損。如果有跡象顯示資產發生減損，所有其他資產也應做測試。資產的價值因爲許多不利事件或情況而減損，例如老舊或損壞，或市場的重大或永久性的改變。

減損評估包括比較資產的帳面價值與它們的可回收金額。可回收金額是資產的公允價值，減去變賣資產的任何成本或資產的使用價值。使用價值（value in use）是資產預期能產生未來現金流的淨現值。爲算出一項資產的使用價值，必須估計未來的現金流，然後利用折現表將它折現成淨現值。

例如，公司擁有的一項資產帳面價值爲 100,000 美元。該資產可賣出 70,000 美元，預期未來三年它將創造 15,000 美元，而其變賣價值爲 50,000 美元。

單位：美元	現金流	現值係數	現值	
第一年	15,000	0.9091	13,639	
第二年	15,000	0.8264	12,396	
第三年	15,000	0.7513	11,269	
期終價值	50,000	0.7513	37,565	74,866

帳面價值爲 100,000 美元，公允價值爲 70,000 美元，而使用價值爲 74,866 美元。因此資產負債表上記載的是使用價值的數值。損益表上記載的減損爲 25,134 美元（100,000 － 74,866）。在未來，使用價值將提供每年計算折舊費用的基礎。

　　減損評估可能降低一項以前曾重估過的資產的帳面價值，並把減少的價值列為對應重估準備的費用，而不列入損益表。

　　2007年開始的金融危機並未因為公司被強制使用公允價值會計而紓解。如果規範資產負債表必須反映一項資產（例如抵押貸款）目前的市值，在當時製作的財務報表中可能價值會接近零。那些資產沒有市場，它們是有毒貸款。公司減去資產的帳面價值後，呈現出更慘澹、更脆弱的財務狀況。

　　資產減值降低了股東權益，且會影響報酬率和財務槓桿的計算（參閱第六章）。雖然減損測試看起來似乎可解決以前遭遇的許多公司估價問題，但我們不能忘記，它唯一提供的「事實」是以公司的估計和預測做根據。

　　這種會計方式可能造成盈餘因為非流動資產估價變動而大起大落。今日各界已普遍體認而不得不接受這個缺點，但要讓資產負債表儘可能反映公司目前的實際價值。至少商譽永遠不能提高其重估價值。

第三章
損益表

　　損益表（以前在英國稱爲盈餘與虧損帳戶）記錄公司的營業活動，並提供當年度的績效報告，顯示詳細的收入以及支出情形，當銷貨收入大於支出，稱之盈餘（或獲利），反之則爲虧損（loss），所以英國稱之爲盈虧帳戶。

盈餘的定義
目的不同，盈餘的定義也不同

　　各學科對盈餘的定義各不相同，只怕一時三刻也難以釐清。在會計學上，「盈餘是指收入大於成本之差額」；在經濟學領域，「則考量的是同一金額，在一周開始與周末所能創造的生活水準是否沒有差異」。會計師的定義爲認列原則（recognition）、實現（realisation）與應計（accrual）規則的具體實現，而經濟學家的定義則可能涵蓋財報基本原則中的資本維持概念。

　　盈餘可以被定義爲，公司在期初與期末間的權益或淨資產的差額，當權益增加時才有盈餘出現。舉例來說，公司開業時

的權益為1,000美元，並以此購入資產，後來該資產以1,500美元出售，年通貨膨脹率是10%，資產的重置成本（replacement cost）在期終為1,300美元，試問公司獲利多少？

　　答案很簡單，當然是獲利500美元，採用傳統的歷史成本會計，期初的權益為1,000美元，期末則為1,500元，不理會通貨膨脹，盈餘為500美元。

$$盈餘＝銷售收入－銷售成本$$
$$500美元＝1,500美元－1,000美元$$

　　如果要維持公司的購買力，必須考慮通貨膨脹的影響。財務資本維持需要100美元（10%的初始權益），扣除100美元後，獲利400美元。

　　若想維持公司的健全經營能力，必須有足夠的資金，重置現有的資產，以繼續經營。營運資本維持（capital maintenance）需要300美元，扣除該等資產重置所需花費後，所得利潤為200美元。

　　假若公司所持有的投資價值在年度中增加，這代表什麼？如果投資還沒有實現（出售之意），增加的價值是否應列入該年度的收益？經濟學家會採肯定見解，在考量審慎性與實現性的前提下，會計師大多期期以為不可。不過，確有證據顯示國際財務報告準則的修正方向傾向允許認列尚未實現的事件或交易。

　　閱讀損益表的難處之一是要確定「當年度獲利」之範圍，而獲利的認定取決於不同的原因與目的，就像公司不可能只有

一個獲利數據，遑論要所有公司一體適用單項獲利，這就是損益表上有數個不同的獲利數據之原因。至於財務報告上要強調哪個數據，公司當然保有一定的靈活性可以自由決定，只要編製報表時遵循會計準則，而且審計人員查核後認為報表妥當即可。

配合原則與應計法則

公司損益表所記錄的會計年度，不必然包含12個月或52周。如果損益表的主要目的是顯示當年度的獲利，則需注意收入和支出項目是否與該會計年度相符。交易實際發生的時間（支付現金或收取現金）與認列在損益表上的時間不相同，這種情況屢見不鮮，舉例來說，本會計年度已將生產原料出售給客戶，卻直到下個年度才取得貨款，或本年度來料的貨款已清償，但尚未投入生產等情形皆有可能發生。收益及為產生該收益的支出，均需認列在同一會計期間內，這就是配合原則（Matching），因此，收益及相關的支出均須認列在同一年度的損益表上。

盈餘不等於現金

年度結束時，千萬別將損益表上所顯示的盈餘項目直接當作現金。損益表上的確顯示當年度公司有獲利，但是並不意味著公司有現金可流通運用。即便公司並未進行任何為持續營運的資本投資，損益表上所登列的獲利，並不能保證當年度結束時，資產負債表上就會有充足的現金或流動資產（liquid asset）。

　　會計人員在製作損益表時，會列入當年度的銷售收入總和，這個數據包括現金和賒銷（credit sales）在內。當某公司允許客戶採取信用交易，實際上就是將價款借貸給客戶直到其清償為止，在信用交易的情況下，該筆交易雖被列入當年度的收益項目，卻沒有任何現金收入。

　　客戶未付的款項應在損益表中列為交易應收帳款（trade receivables）或記入借方（debtor）。賒銷的金額應記入損益表之銷貨收入項下，資產負債表中則應登錄在流動資產（current assets）項下。當客戶如期清償後，原列為應收款或記入借方的金額應扣除，並在資產負債表中的現金餘額（cash balance）項目下增列該金額。

　　公司可以利用供應商提供的信用交易條件取得原料和服務，且不一定需於獲得原料或服務的年度支付價金。直到清償欠款前，這筆款項應列為交易應付款項（trade payables）或記入貸方（creditor），並登錄在資產負債表中的流動負債（current liabilities）項下，清償價金後，應付款項和現金餘額自然減少同樣數額。對公司來說，認列交易或事件與其相關現金流動的時間差，會造成重大影響。

交易過量

　　當公司提供的授信條件超過所獲得的信貸條件時，會發生什麼事？當公司提供客戶比其他供應商期間更長且更優惠的信貸條件時，或許有不錯的銷售業績，利潤率也不差。雖然這些授予或獲得的信貸條件對損益表揭露的盈餘不產生任何影響，

對公司的流動性或現金部位而言卻非如此。

　　舉例來說，某公司於年度開始時有現金2,000美元。在沒有信貸的情況下，銷貨收入為10,000元，而銷售成本為8,000美元。當年度的損益表登錄獲利2,000美元，資產負債表上則登錄現金餘額4,000美元。

2,000美元現金＋（10,000美元的銷貨收入－8,000美元銷售成本）＝4,000美元現金

　　假設客戶使用該公司提供的信貸，於年度終了時，尚有5,000美元的銷貨收入未收回，該公司也利用供應商提供的信貸，積欠供應商1,000美元，現金部位將有變動：

2,000美元現金＋（5,000美元的銷貨收入－7,000美元銷售成本）＝0美元現金

　　在這兩個例子中，淨流動資產（net current assets）從年度開始時的2,000美元至年終時增至4,000美元，然而，在採用信貸的第二例中，現金部位從年度開始時的2,000美元惡化為年終時的0元。雖然該公司進行交易有獲利，但其流動性資源減至危險水準，這種情況通常稱為交易過量（overtrading）：犧牲流動性換取獲利。

　　如果該公司進一步擴大信貸交易或其大客戶積欠的帳款成為壞帳，則該公司就不得不借錢維持繼續營運。在這種情形之前，該公司可能早就採納建議另尋其他形式的融資，以為日後的營運和發展。

　　既然交易過量的風險如此明確，爲什麼企業會陷入這些困境？常見的情形是，交易過量與公司業務發展有密切關係，提供客戶良好的信貸條件是增加銷售收入的傳統方法。但若在制訂銷售策略時疏於考量潛在的財務危機，則可能發生公司的收入和獲利呈現快速增長，現金卻消耗殆盡，致經營無以爲繼。

　　採取寬鬆信貸政策的另一個原因是因爲交易習慣。如果該產業有傳統的交易條件，或產業裡大部分的公司決定改變信貸條件，螳臂難以擋車，單獨一家公司，特別是一家渴望擴大市占率的小公司，很難不隨波逐流。

一年有多長？

　　不論國籍或產業，財務報告的標準期間爲12個月，每年均需申報帳款資料。雖然這個規定合乎邏輯且實用，但日曆年不見得適合做爲一切公司財務報告的時間基礎。在評估零售業者的績效與營運狀況時，以日曆年爲基礎的年報或許十分適合，但對從事經營黃金、石油或天然氣勘探業務或是種植橡木的公司來說，則未必適當。

　　說到公司的損益表，重要的是必須了解一年不必然是52周或12月，常見的情況是，公司會以當年度的最後一個星期五爲營業年度的結束，或是在內部報告中以涵蓋一期4周，每13期循環爲一年，因此某些年度可能有53周，而非52周。雖然在實務操作上，年度的內涵差異對分析比較不同公司並沒有太大的影響，但在使用財報的數字比較分析與作出結論前，必須考量到這些差異。

　　比較重要的是，會計年度的結束日是否有重大改變，公司可能希望年度結束日與其他同業相同，或是在併入某企業集團時，年度結束日也會有所改變。特別是如零售業這種以季為單位的行業，本來以12月底為結束日，後改以3月底為結束日，可能會造成財務分析的困擾。

持續營業與停業

　　損益表中通常會分別列出當年度由持續營業、停止營業和併購所產生的收入和利潤，這使得分析公司更為容易，持續營業項目的細部資料還能提供預測未來可能績效的基礎。

　　對年度報告之使用者而言，任何有用的重大事件與項目資料皆應揭露。如果某公司在當年度併購另一家公司，且因併購所產生的營收或獲利超過全集團的10%，這些資訊將另於損益表上或備註欄中揭露。

　　停業是指公司出售或以其他方式剝離企業的部分業務（國際財務報告準則第5號），停業時，應重新分類比較財務報表以揭露停業單位之營業收入與損益，該單位在停業前後的營業利益也應單獨列出。因而更容易評估營收和獲利的趨勢，以及公司在下年度中可望由持續營業單位達成的營業目標。

關聯企業與合資企業

　　國際會計準則第28號要求企業揭露對被投資企業的持股比例與公允價值，並得適用權益法評價其投資（參閱第二章）。企業必須提供對每一關聯企業（associates）的資產、負

債、營收和獲利的彙整資訊，就該公司在關聯企業的持股損益，單獨列於損益表中。

　　國際會計準則第31號的目標，是要確保合資企業（joint ventures）的財務報告內容，必須是經濟的實質重於形式，應提供合資企業的詳細資料，包括持股比例在內。公司在為合資企業做會計帳時可採取權益法（equity method）或比例綜合法（proportionate consolidation method）（參見第二章），兩者二擇一，但不論採取何種會計方法，公司均應提供有關資產、負債，收入和費用的詳細資訊，該公司在合資企業的持股損益也將單獨登載於損益表。

部門報告

　　了解公司的年度總銷貨收入固然不錯，但若能知道各個業務項目與收入的來源，則更有助益。一般來說，海外業務與國內業務相比，風險較高，這對知悉公司的銷售與獲利來源十分有用。

　　在公司年度報告中，最有助於了解公司的營業項目、營收與經營方式的資訊來源，就是部門報告（segmental information/reporting），又稱非整體資訊（disaggregated information）。部門報告分析公司的年度營業額、主要業務部門創造的獲利，與其可運用的資產及營業地點。進而可剖析集團內個別公司的營運狀況，並運用這些資料與其他業務或公司進行比較。

　　一般而言，三大權益包括營收、獲利與可運用資產。部門報告中對獲利最常見的定義是營業利益，資產則是指淨營業資

產。損益表上將區分營收為來自企業外部客戶之收入，以及來自企業內其他營運部門（內部客戶）。

總資產、總負債，以及各部門的折舊和資本支出也需揭露，無論何種情況，必須提供比較數據。公司可以選擇揭露比法令與公報規定最低標準更多的資訊，有些公司還會將現金流量、員工人數和工作地點等資訊列入部門報告中。

部門的界定可以使用以10%為基準的量化門檻。如果某事業單位的年營業額，獲利或淨資產達到公司整體金額的10%以上，則該單位即為應報告之部門，需以部門報告單獨揭露資訊。英國公司自1967年以來規定須編製部門報告，美國公司則始於1970年。國際會計準則第14號提供部門報告編製的規範，企業可以選擇適用營業單位或是地區別，做為劃分營運部門（operating segments）與編製報表的基礎。

國際財務報告準則第8號（2006年公布，2009年生效）則要求企業決定主要部門，做為部門報告的基礎：

「無論以業務或以地區來編製部門報告，在該實體中最可能創造風險與利潤的單位，才是主要部門。」

為達此準則所訂的揭露目的，公司將參考內部管理與控制系統來界定部門，這有助於以管理階層角度覆核，使部門報告的結果可以提供財報閱讀者重要與有用的資訊。歐盟在2007年11月採納國際財務報告準則第8號。

業務部門劃分可以參考以下要素：

- 產品或服務的本質；
- 生產的本質與技術；
- 交易的市場類型；
- 主要客戶類別；
- 經銷管道。

以地區別作劃分時，可以考量以下要素：

- 營運地點的鄰近性；
- 相類似的政治與經濟情勢；
- 與其他地區營業的關係；
- 特定國家的特殊風險。

在分配成本與費用時經常會遭遇實際困難，舉例來說，集團董事的總成本該以產品或市場來劃分？這些開支被統一歸類為共同成本，不會散布在各別部門，在部門別報告只有一行說明。部門之間的交易可能會給會計師和董事造成一些技術困擾，應另在報告中單獨提出。

表達格式

國際會計準則第1號並未強制規定統一的表達格式，不過確有表列損益表上應具備的項目，同時要求揭露所有重大項目的收益及支出（income and expense）。公允價值是計算收入的基礎，公司可以性質或類型來提報費用，前者如：人力成本、

折舊等，後者如：銷售成本、行銷成本營銷、管理成本等。爲增強損益表的功能，公司仍可提供其他資訊。

　　以下爲以費用功能分類的典型損益表表達格式：

項目單位：	美元
收入	1,000
銷售成本	(550)
毛利	**450**
其他收益	10
銷售費用	(60)
管理費用	(50)
其他費用	(40)
營業利益	**310**
財務成本	(30)
關聯企業的持股獲利	20
稅前淨利	**300**
所得稅費用	(110)
持續營業部門獲利	190
停業部門獲利	10
年度獲利	**200**

　　假若成本與費用以性質分類，則年度獲利不會有差異，不過表頭將變動如下：

項目	美元
收入	1,000
其他收益	10
存貨變動	(200)
原料消耗	(210)
員工福利費用	(160)
折舊與攤銷	(90)

其他費用	(40)
融資成本	(30)
關連企業股份	20
稅前淨利	**300**

一旦求得稅後淨利，權益將依股東之持股比率顯示。

獲利歸屬於：

母公司持有權益（90%）	180	
少數權益（10%）	20	**200**

遵循年度總認列收益與費用表或是股東權益變動表（參閱第二章）。

當年度認列的收益與費用總額

損益表中接著需認列年度其他收益與費用，分別加入或自年度獲利中扣除，得出年度認列的收益與費用總額。

項目	美元
年度獲利	200
匯差	5
財產重估增值	20
確定給付制的精算增值	30
認列關聯企業之股份收入	15
其他認列收益與費用	(20)
當年度認列的收益與費用總額	250

當年度認列的收益與費用總額分列為母公司和少數股東，如上。

認列的總收益與費用歸屬：

母公司持有權益（90%）	225	
少數權益（10%）	**25**	**250**

損益表上的最後一個關鍵數字是每股盈餘（earnings per share, EPS），通常位於損益表的結尾，計算方式為稅後淨利除以已發行股份數即得之。如果某公司已發行1,000股，則為25美分。

每股盈餘	**0.25**

考量繼續營業與停止營業部門之差異，每股盈餘又有基本每股盈餘（basic EPS）與稀釋每股盈餘（diluted EPS）之分（參見第六章）。

基礎實務

銷貨收入與認列

出現在損益表的第一個數字通常是當年度的銷貨收入、營業額或收益。國際會計準則第18號規範銷售收入，在大多數情況下，銷貨收入均為扣除營業稅的淨值，然而有些公司則填報當年度的收入總額。無論在比較公司規模、成長率或是獲利率時，均應特別注意這個問題。閱讀本書時請注意，書中討論的許多事例，假如採用收入總額將會被扭曲。

損益表所登錄的是銷貨收入的單一數字。但應注意的是，不應假設只有一個正確數字，銷貨收入並不容易界定與計算，認列銷貨收入的時點，該以接獲訂單、收到客戶支付的現金，

或是訂單出貨的時間為準？五年的服務與租賃契約或是一項為期三年的營建計畫又該如何計算處理？

銷貨收入之決定並不如表面上那麼簡單。2001年，英國會計準則理事會（ASB）出版了一份超過150頁的討論報告「收入之認列」，各行各業面臨何時將銷貨收入認列在損益表中，各有不同問題。處理上或許可以權利或商品所有權移轉給客戶的時點做為銷售完成之時點，並應登載於損益表。

在會計師試圖釐清銷貨收入的認列規則時，網路公司與軟體公司又製造其他問題。交易形式除了公司對消費者（B2C）及公司對公司（B2B）外，還有以物易物的方式。而當兩個網站「交換」廣告時，是否有收入產生？在電子商業環境下，如果所涉及之價值無法量化，即不應認列收入。亦即倘若無法衡量，就不必考慮。另一個方興未艾的疑慮是該如何處理顧客的退貨權。

營收被用作評估公司過去、現在和未來可能的業績，也是獲利能力的關鍵因素——通常情況下，銷貨收入越高，獲利越大。營收認列是個棘手的問題，也是造成公司財務報表重編的罪魁禍首。在處理營收時，必須面對一致性、可比較性、審慎性、應計性、實現性、認列，以及實質重於形式等問題。一個簡單的測試是觀察交易完成後，是否建立可量化資產（未來獲得收益之權利）與債務（給付義務），假若資產與債務均已建立，收入應認列在損益表中。國際會計準則第1號指出當「與資產增加或負債減少有關之未來經濟效益，已經出現而且能可靠衡量時」，就應認列為收益。

　　國際財務報告準則第1號要求損益表上的財務數字需與前期報表具可比較性與一致性。美國證管會要求公開發行公司提供當年度與前兩年度的比較報表。至於再往前回溯年度的財務數據可在該公司年報上之五年或十年期歷史績效表中查詢。

創造銷售

　　1990年代中，有許多在帳面上動手腳，充滿創造力的實例，使公司有可觀與穩定的收入成長，當時被公司用以創造績效和成功的不正當行為如下：

- 商品待售或客戶退還視為銷售；
- 祕密「副約」中給予客戶契約解除權，即使客戶解約，仍認列為當年度收入；
- 立即認列所有長期契約的潛在收入，而非於契約存續期內分別認列；
- 簽訂契約前即認列銷售為收益；
- 沒有足夠的壞帳準備金；
- 開立虛構的發票給客戶，寄望於客戶的內部控管不佳而仍會支付價金；
- 即便客戶只支付10%的定金，仍認列全部價格為收益；
- 還不到約定期間即提前送貨，並認列為當年度銷貨收入，最極端的例子是，縱使客戶拒絕受領，公司仍會租賃倉庫囤貨，並立即認列銷貨收入；
- 直接認列銷貨收入總額，例如旅行社業務員售出1,000美元票券，其中十分之一為其佣金，但公司卻認列銷貨收入

　　1,000美元；

- 把投資收益與利息當作營運銷售收入；
- 提供客戶貸款刺激購買——卻分別把貸款登列在資產負債表，「銷貨收入」登載於損益表；
- 登載出售非流動資產之收益為營運銷售收入。

　　2000年代初期，美國證管會又加入其他不正當行為：

- 塞貨（channel stuffing）：軟體公司McAfee勸說其軟體分銷商持有過量的庫存，McAfee另外設立特殊目的實體（SPE）買回分銷商不需要的庫存；
- 確保廣告主有資金作廣告：時代華納公司（Time Warner）勸誘其他公司作線上廣告，使其得以擴張網際網路客戶數，並增加績效信賴。

　　這些在帳面上動手腳的創意行為，並非隨時隨地可輕易發現，會計機構和證券交易所的措施相當程度上已減少編製財務報表時的不正當行為，本書後續的分析有助於閱讀財報時發現不具一致性及有疑慮之處，並敲響警鐘。

銷售成本

　　銷售成本包括原料成本與員工費用，以及其他創造銷貨收入時所產生的直接與間接成本：

- 直接原料；
- 直接勞力；

- 包含折舊之各項直接製造費用（direct production over-heads）；
- 存貨變動；
- 財產、廠房及設備的租用費；
- 產品開發費用。

　　公司一般不會提供任何有關銷售成本的進一步分析資料，不過員工人數、固定資產折舊、租賃，以及研究和發展等細部資料通常可在損益表的附註或備註中找到。

存貨變動

　　銷售成本包括年初與年終之間的存貨變動，這是軋平帳目程序之一。銷貨收入只能用來填平當年度生產的貨品成本，其餘至年終仍未售出的商品則不應該列為當年度之營收。

　　在存貨會計上，無論公司採取的方法是永續盤存制（perpetual method）──每次交易時，立即在存貨帳上記錄增減，或採用定期盤存制（periodic method）──期末（包含年終在內）實地盤點，決定存貨數量，零售業公司資產負債表上存貨價值往往採用零售價法（retail price method）估計，先計算年終時仍未賣出的存貨零售價，再扣除正常的銷貨收入。

　　存貨價值之計算對公司申報獲利的影響十分巨大，在損益表中登錄銷售成本之會計基本程序如下：

期初存貨＋當年度採購＝可銷售產品－期終存貨＝銷售成本

　　存貨不僅吸引員工（損失和浪費是對偷竊行為的委婉稱

呼），也讓編製公司帳目的人有機會動手腳。假若公司基於某種原因，於年終時提高庫存的價值1,000元，則這段期間申報的獲利也會自動提高1,000元，和銷售成本減少1,000元所能實現獲利增長的功效相當。所以公司在會計上動手腳的簡單方法，是在存貨項目中保留老舊與過時的品項，年終時這些品項的成本會記入存貨價值，提高公司獲利。

單位：美元	低存貨價值		高存貨價值	
銷貨收入		10,000		10,000
期初存貨	1,000		1,000	
購入	8,500		8,500	
	9,500		9,500	
期末存貨	3,500	6,000	4,500	5000
盈餘		4,000		5,000

　　資產負債表上的存貨資產價值增加，當年度獲利也隨之改善。就算存貨沒有任何實體變動，僅存貨之價值更動，當期末存貨價值每增加1美元，損益表上的淨利便增加1美元。所以，公司的存貨及其估價往往是審計人員的查核重點。

存貨計價方法

　　儘管企業可能不願意承認存貨的價值遠低於其生產成本，在穩健原則的要求下，即足以確保公司在財務報表上登錄存貨價值時，遵循低於成本法（lower of cost method）或淨變現價值法（net realizable value，亦即公允價值法，fair value）。在處理資產負債表的存貨計價及計算年度獲利時，採用低成本法是比較審慎的做法。

　　1975年公布，並於2003年修正的國際會計準則第2號規範存貨之處理。而最常見的存貨計價方法為先進先出法（first in first out, FIFO）。先進先出法是假設存放最久的物品將被首先使用，一旦存貨被使用或出售，就以最初的生產成本價入帳。另一項直到2003年才被禁用的計價方法是後進先出法（last in first out, LIFO），美國公司普遍採用這種計價方法，恰與先進先出法相反，後進先出法假定新購入之物品較先使用。

　　第二種存貨估價方法則是加權平均成本法（weighted average cost method）。參見下表對先進先出法及加權平均成本法的例示，今購入2,000單位的原料，其中1,600單位用於生產，期終仍有400單位存貨。

進貨	美元	先進先出法	美元
1,000單位×5美元	5,000	1,000×5美元	5,000
1,000單位×7美元	7,000	600×7美元	4,200
2,000	12,000	1,600	9,200

　　損益表上所登載的銷貨成本為9,200美元，期終存貨（400單位）價值為2,800美元（400單位×7美元）。如果價格上漲，使用先進先出法估計的存貨價值接近資產負債表上的重置成本（4,200元），但損益表上登載的銷貨成本（9,200美元）將相對較低。

進貨	美元	加權平均法
1,000單位×5美元	5,000	
1,000單位×7美元	7,000	
2,000	12,000	12,000美元÷2,000單位＝**每單位6美元**

銷售成本9,600美元（1,600個單位×6美元），期終庫存計價為2,400美元（400個單位×6美元）。務必記得閱讀附註中有關庫存計價方式的說明，這樣才會知道究竟採取低於成本法或是淨變現價值法，來計算期終資產負債表上的存貨價值。

當以成本為基礎計算存貨價值時，成本通常包括間接費用如原料成本、薪資與其他費用。檢查年報的附註，公司是否改變存貨成本之計算，藉此調整當年度財務報表上的獲利。選擇存貨計價方法應具一致性，若不這麼做，公司須有強有力的理由做為改變成本計算方式的後盾。

如果資產負債表上只提供存貨價值的單一資訊，附註中應該會把存貨價值分列為三項——原料存貨（raw materials）、在製程中存貨（work in progress）及製成品存貨（finished goods），檢查這三個數據，倘若製成品存貨的水位大幅或持續增加，代表公司可能有交易問題。

有時可能會讀到產品融資安排（product financing arrangement），這是一種附買回交易，公司將存貨「賣」給金融機構，並同意於未來的特定日以特定價格（包括融資成本）買回該存貨，等於該公司以存貨擔保即期現金借貸。公司於約定日再買回存貨以交付給客戶，諸如此類的交易明細均應記入公司會計帳目附註中。

毛利

在採用費用性質分類的損益表中，毛利（Gross profit）是頭一個出現的獲利，計算方式是以當年度的銷貨收入扣除銷售

成本。毛利扣除其他營業成本與費用後，可以得到當年度的稅前淨利（profit before income tax）。

審計費

支付給審計人員的費用將列在損益表中的管理費用（administrative expenses）項下，支付給同一事務所之費用應明確區分為審計費及諮詢費（現在不可能發生這種情況），或是特別調查等非審計作業費。

員工資料

在製作年度報告的過程中，公司會揭露會計年度結束時的全職員工與兼職員工的詳細人數資料，或者更常見的是當年度的員工平均人數。除人數外也會揭露員工薪資總額，員工費用項下涵蓋所有工資及薪資、社會保險費用、退休金與其他勞工相關支出。

凡與公司有合法契約關係存在，為公司服務者，無論兼職人員或董事，均屬公司之員工。但若為自雇人士，則該人士非屬公司的員工，所有支付與自雇人士的款項應列於其他成本及費用項下。董事與公司間應有契約關係存在，因此亦被歸類為員工。因而所有支付董事的款項亦應列入員工費用項下，但應於備註中註記董事所領取的報酬和獎勵等金額明細資料。

退休金

一般來說，退休金是員工長期為公司服務之酬勞。自

1991年，羅伯‧麥斯威爾（Robert Maxwell）從其公司的退休基金中挪用4億5千萬英鎊一事曝光後，更加證明退休基金脫離公司控制的重要性。1992年，凱貝雷委員會（Cadbury Committee）作成有關責任制（accountability）與公司治理（corporate governance）的建議，今日退休基金在法律上與公司分開獨立，縱使公司破產，亦非屬公司財產之一部分。退休金之設計有兩種不同類型：

- 確定提撥制（Defined contribution scheme）：雇主定期提撥固定金額（通常是員工工資或薪金的一定比例）到退休基金，員工退休後所得領取的退休金取決於退休基金的規模和投資報酬，公司沒有義務支付協議以外之金額。
- 確定給付制（Defined benefit scheme）：退休金與員工的薪酬水準或服務年資連動，無論退休基金的資產是否足額，或是否有足夠收入，公司均有義務支付退休金。公司參照精算意見，考量員工的平均壽命以及每年評估退休基金的盈餘或赤字等，以決定提撥資金的規模，使得退休基金足以支付未來退休員工的需求。

退休金會計的目的是支付退休金時，退休金成本與收益吻合（match）。遞延費用之認列，直到退休金實際支付為止，並不能使收益和費用充分吻合。在公司成立初期，退休金費用不高，但之後將會急劇上升，預期未來成本與現時收益之吻合至關重要。

國際會計準則第19號所規範的是員工福利，而非退休金

計畫的經費籌措。為避免公司的盈餘僅因退休基金之精算變動而波動，會計上採用「緩衝區法」（corridor approach），緩衝區是以期初退休金資產的公允價值或期末預計給付義務中較大者的百分之十為計算依據，若超過緩衝區，超過部分才應記入損益表攤銷。國際會計準則理事會與美國財務會計準則委員會正在共同合作修正國際會計準則第19號的計畫，可預見的是未來退休基金無論盈餘或虧損，必須認列為一個單獨項目。

應在財務報表之附註中提供該公司員工退休福利（post-employment benefits）的完整計畫，包含當年度的調節表（reconciliation）以及在資產負債表中揭露淨資產或淨負債。

董事薪酬

董事會的行為與活動是公司報告中的重要部分，多數國家均有一系列的實定法、行政法規，以及證券交易規則，規範公司及其董事財務交易明細的揭露。

凱貝雷報告書指出：「核心原則是董事會薪酬之公開性。股東有權利充分和明確的瞭解董事現在和將來的福利，以及決定這些福利的過程。」

英國公司治理聯合準則（The Combined Code）規定，由三名或以上的非執行董事（non-executive directors）組成薪酬委員會（remuneration committee），目的在制定與監督公司對執行董事及董事長之薪酬及對個人之獎勵，除福利外，並得以股票為基礎支付，或其他長期獎勵計畫。在英國，依據2002年公布的董事薪酬報告規則（Directors' Remuneration Report

Regulations）、財務報告委員會於2006年修正的英國公司治理綜合守則（Combined Code on Corporate Governance），證券交易所關於董事的報告列舉規則，也規範報酬委員會的報告。該報告需提供關於薪酬委員會之組成、業務範圍與運作之完整內容，除了揭露個別董事詳細的薪酬資料外，一般來說還包括了每位董事每年出席董事會的次數明細。

報酬委員會的年度報告應揭露與董事有關的下列資訊：

- 薪資與福利（包含年中增加額度）；
- 紅利與長期獎勵方案（股票與現金）；
- 紅利計畫設定的關鍵績效目標；
- 服務契約；
- 退休金計畫。

股票選擇權

除以現金支付薪資外，員工可能獲得所服務公司之股份，員工受領股份後，股份的價值即可以目前市場價格計算（公允價值）。時下十分流行以股票或股票選擇權為誘因，激勵管理階層成功經營公司，如果經營者表現良好，股票價格會上升，受領人也將受益。但令人非議的是，股票選擇權僅提供管理階層獎勵，卻沒有處罰，縱使經營不善，在股票下跌時，經營階層不像股東般蒙受不利，且這種誘因促使經營階層把注意力集中於短期績效，如此情況下所作的決策，可能不是為公司最佳長期利益。

　　許多公司設有員工分紅配股制度，也就是股票獎勵方案（share/stock incentive plans, SIP），所有員工均有機會取得股份成為股東。有些公司則是提供特定員工股票選擇權，作為過去業績的獎勵或創造未來業績的誘因，對員工來說，相較於直接課稅的獎金報酬，股票選擇權是更有效取得淨收入的方式。1990年代，許多電子商務公司提供員工股票選擇權，對個人來說，潛在利益頗為可觀，對該公司來說選擇權不涉及現金發放，成本微乎其微，並可確保員工之忠誠與最佳表現。隨著2000年網際網路泡沫破滅，許多電子商務公司的股價滑落到往昔的百分之一，股票選擇權的真正價值才顯現。

　　國際財務報告準則第2號（長達130頁）規範以股份為基礎的支付計畫。關鍵問題是時點──股票選擇權於何時開始產生收入？何時應認列在損益表中？應在給予選擇權時或是行使選擇權時認列？此外，企業界與會計界一直在激辯以股票選擇權之公允價值登載於損益表是否適當，企業界採否定立場，而會計界則持肯定立場，目前會計師的意見似乎較占上風。

　　股票選擇權會稀釋股東的投資：當新股發行時，股東所持股票的價值將相對減少，利益將從股東移轉到管理階層身上。依國際財務報告準則第2號規定，選擇權的成本應在授予選擇權時，而非行使選擇權時認列，選擇權不必每年重新估價，而是以授予時之公允價值為準。假若沒有市場價格可作參考基準，可以使用選擇權定價模型，諸如：布雷克─舒爾斯─莫頓模型（Black-Scholes-Merton, BSM），或是考克斯─羅斯─魯賓斯坦（Cox-Ross-Rubinstein）二項式選擇權定價模型。

定價模型必須考慮下列因素：

* 選擇權的執行價；
* 預期權利期間；
* 股票的市價；
* 股價的預期波動性；
* 預期股利；
* 無風險利率。

如果某股票的選擇權，其權利期間為五年，授予時的股價為每股 10 美元，無風險利率為每年百分之四，則選擇權的價值為每股 1.78 元。

> 年利率 4%，五年後的 10 美元現值＝8.22 美元
>
> 10 美元－8.22 美元＝1.78 美元。

根據市場現值，可以求出年利率 4%、五年終了時的 10 美元，其現值為 8.22 美元。假如在 4% 的年利率下投資 8.22 美元共五年，第一年將獲得 0.33 美元利息，第二年為 0.34 美元，並依此類推，直到資本價值在五年終了時為 10 美元。所有的試算表應用程式均內建現值因子（present value factor）函數（本例中為 0.8219），可以利用試算表完成折現計算。

無風險利率通常參照權利期限相似的美國中期公債（Treasury note）利率，和已獲分派股息之股份相仿，為求取淨價值，股票選擇權亦應除權。在選擇權的預期權利期間內（員工於該期間內賺取利益），其公允價值應登入損益表中，權益

項應略作補償調整，並在權益項下單獨增列股票選擇權項。

薪酬委員會的報告和附註應提供如下資訊的完整明細：當年度每位董事所獲得之股票選擇權數量，行使選擇權之內容，年終時統計與選擇權相關的股份數。年報中附註的說明非常重要，應立即閱讀研究，不要白費編製年報者的心血。

請神容易送神難

實務上常有不勝任的董事把公司弄得一團糟，為了讓這些不勝任的董事自願辭職往往還需付出大筆金錢。花旗集團（Citigroup）的前執行長普林斯（Charles Prince）看起來在一片混亂中離開公司——花旗集團在2007年列認與次級房貸有關、高達430億美元的資產減值。除了約2,900萬美元的退休金以及股票選擇權，以及最後一年的薪酬1,000萬美元外，花旗集團還必須提供普林斯私人辦公室和司機長達五年之久。普林斯絕非最後一隻腰纏萬貫的肥貓，但請記住他的這句話：「當曲終人散時，總有人黯然離去。不過做一天和尚撞一天鐘，在這個環境裡，我也只能隨波逐流。」

其他金融機構發現，讓這些闖下大禍、把公司帶上絕路的人離職，代價不比花旗集團小，舉例來說，歐尼爾（Stanley O'Neal）從美林證券領走了合計約1億6,000萬美金的股票、選擇權與其他福利。董事離職所拿的錢，以及對董事的其他重大給付，皆應在年度報告中充分完整揭露。

最佳實務要求，董事報酬制度是將薪資給付與經營績效掛勾，諸如銷售收入、利潤或股價等內部績效目標，一旦完成，

董事除基本薪酬外還可以得到其他酬勞。公司市值之增加也是有效的績效指標，無論公司採用哪種設計，應在年度報告中對股東闡明。

葛林伯瑞和韓培爾（參閱第一章）建議董事任期不應超過一年，2003年修正後的英國公司治理綜合守則規定董事任期三年，選舉時必須提供充足的資料給股東，美國，證管會扮演著公司治理火車頭的角色。

年報必須提供董事酬金或薪酬總額，而且除公司自身支付金額外，控股公司及子公司因董事之經營管理而支付的總額也須於年度報告中詳列，離退董事的退休金給付也需提示。從揭露事項中應可以發現所有對董事的支付，舉例來說，如果一個退休的董事被允許繼續使用公司的車輛，公司提供的車輛福利必須估計價值，單獨列示在法定揭露事項的退休福利項下。

營業利益

營業利益（operating profit）是評估一家公司績效的重要指標，亦即透過公司業務營運所創造的獲利。如果損益表上沒有列出毛利，則營業利益通常是損益表上顯示的第一個獲利數字。其計算方式為銷售收入減去銷售成本及其他營業費用之差額。雖然國際會計準則第1號並未要求公司營業利益須顯示在損益表的帳面上，但多數公司仍然會在損益表上登列營業利益。吾人可以合理地假設，不同公司間的營業利益具有可比性基礎。

折舊與獲利

資本維持（capital maintenance）是在公司財報中的重要一環。爲繼續營業起見，公司至少需維持投資在營業資產以及日後辦理汰舊換新的水準不變，資本與資產分別列於資產負債表上的兩端，假如資產維持不變，該項資本依然存在。資本維持的途徑之一是藉由折舊（depreciation）辦理，亦即提撥現時收入以爲未來投資之用。國際會計準則第16號定義折舊爲「將資產之可折舊金於耐用年限內有系統地分攤」，並要求除土地以外的其他有形資產均需辦理折舊。

處理資產折舊至少需考慮以下三層面：

1. 公司應於資產負債表中提出資產公允價值的合理陳述。正常情況下，新車的價值高於舊車，但可以預期的是當資產日漸陳舊，價值亦隨之降低，公司可將價值變化反映在資產負債表中。

2. 公司持續營運時，也繼續使用其資源，產生成本和費用，使用勞力和材料（直接成本），並可能耗損非流動資產、不動產、廠房及機具設備之價值。損益表上的損益計算係將所有成本和費用自收入中扣除，登錄直接成本以及當年度適用非流動資產後的價值差異，不動產、廠房及機具設備在使用後部分價值減損（間接成本），爲了反映非流動資產的耗損，於損益表上登錄一定金額，從而折舊可視爲各種非流動資產當年度的使用成本。

3. 如果公司持續營業，非流動資產會因損耗或老舊需要汰換，有鑑於此，公司應謹慎核算提撥一定資金，並在損益表中登錄折舊。該筆款項實際上並未給付給第三人，而是留存於公司內。

若公司未在損益表中登載折舊，不僅有違財務報告的審慎性原則要求，也抵觸資本維持的基本規範。

計算折舊

有許多方法計算折舊，舉例來說，一家公司以10,000美元購置資產，其使用年限為四年，每年創造3,000美元的利潤，其中半數作股利分配給股東。至第四個年度終了時，資產的重置成本為10,000美元。如果沒有認列折舊，該公司將保留淨利6,000美元（每年保留3,000美元的一半，共計四年），但當資產使用年限到期時，資產負債表上將沒有足夠的金額汰舊換新。若該公司每年認列2,500美元為折舊費用（於四年使用年限中攤提資產），每年的淨利將僅餘500美元，假若其中一半作股利分配給股東，在四年期滿後，將有1,000美元的保留淨利。

直線折舊法

計算折舊最簡單和最常用的方法為直線折舊法（Straight line depreciation），資產的成本或價值依比率於預計使用年限中逐年攤提為該年度的折舊。

資產成本	10,000 美元
預計使用年限	4 年
損益表逐年攤提的折舊金額	2,500 美元

餘額遞減折舊法

　　第二種方法多與稅務規定有關，是為餘額遞減折舊法（Diminishing balance depreciation），有時也稱為加速折舊法（accelerated depreciation），可使資產在前幾年的使用年限，以較高幅度折舊。

資產成本	1,000 美元
年折舊率	50%

　　首年於損益表中認列折舊金額 5,000 美元，此法減少資產的帳面價值為 5,000 元，從而第二年的折舊金額為 2,500 元。使用此種折舊方法，資產不會被沖銷至零，總會有些剩餘價值。

使用年數合計折舊法

　　第三種折舊方法為使用年數合計折舊法（Sum of the digits method），假若資產的預期使用年限為四年，加總所有數字即 1、2、3、4，總和為 10，假若資產的預期使用年限為 10 年，則 1 累加至 10 的和為 55。舉例來說，假設資產的使用年限為四年，則首年的折舊率為總資產價值的 4/10（4,000 美元），次年則為 3/10，依此類推，直到最後一年為 1/10，使資產完全折舊。以上三種折舊法所得的資產折舊率各不相同。

年度	直線法 美元	餘額遞減法 美元	使用年數合計法 美元
1	2,500	5,000	4,000
2	2,500	2,500	3,000
3	2,500	1,250	2,000
4	2,500	625	1,000
合計	10,000	9,375	10,000

參照上表的三種折舊計算法，採用不同的計算法將導致每年損益表上的資產以及資產負債表上帳面價值各異。在評估公司之績效與經營情形時，瞭解其折舊方式至關重要。

折舊政策

在閱讀附註欄中有關非流動資產與資產之折舊時一定要謹慎。公司的資產評估和折舊政策應具合理性、謹慎性與一貫性，若非如此，得確定其收益未遭操縱竄改。只要將與某項資產有關的費用計入資本項，而非計入損益表上的費用項，就可以在財報上創造利潤，包括融資之利息費用。可以比較同一產業領域內不同公司的折舊政策，確定該公司之折舊政策具一致性（conformity）。

不難想像的情況是，公司寧願不運用審慎折舊政策。諸如，可能會以第一年資產不折舊的方式掩蓋低獲利能力。當然該公司可能會對此據理力爭：新投資，特別是不動產才剛啓用不到一年，依理不應折舊，故新的投資應當創造收入而不是產生折舊的負擔。這種方法一旦被接受，依據一致性原則，該公司未來幾年將均使用此種折舊政策。

稅務問題

公司財報中的稅前盈餘（pre-tax profit）往往不是用以計算所得稅負擔（tax liability）的獲利基礎。估算公司實際支付的稅率十分簡單，可以使用損益表中的稅前盈餘和所得稅費用計算。將這兩個數字相除，以相除所得之商數與該公司所在國的法定稅率相比較。一般來說，公司實際支付之稅率往往低於法定應納稅率，公司必須揭露實付稅率，當年度的應納稅款應列於資產負債表中的流動負債項下。

國際會計準則第12號規範所得稅務會計，目的是在資產負債表上提示當年度的稅務負擔，損益表得以從往昔資產負債表作必要調整，以實現此一目標。

優惠稅率折舊

假如公司可以擺脫外部控制，在達到應納稅盈餘時自訂折舊率，則根本沒有公司需要納稅。因此實務上，許多國家是容許採取兩種折舊標準，其一是為納稅目的之用，其二為讓公司用於財報上。如此，難免會產生公司向稅捐機關申報的盈餘，和對股東公布的盈餘有所不同，財務會計的盈餘定義是依照一般公認會計原則，而應稅盈餘的定義則由國際會計準則第12號規定，其定義如下：「依照稅法規定，特定期間內認列為盈餘者，得作為所得稅課徵之基礎」。

遞延納稅

　　折舊往往造成公司申報及應稅盈餘之間的顯著差異，對稅法之核課規定，公司幾乎沒有選擇餘地，只能接受。如果政府提供租稅獎勵投資，則所有公司均因一體適用而受惠，然而這會對公司申報稅後淨利造成影響，這就是所謂的暫時性差異（timing/temporary differences）。

　　當年度公司可能有5,000美元利息收入，這筆收入將被列入稅前盈餘，若稅法規定之認列時點為收取利息現金時，年終時卻仍有1,000美元為應收，則該公司會計帳上的獲利與應稅獲利之間即存在差異。這些投資和相關稅務之影響可能不會在同一時間發生，從而造成稅後盈餘的差異，操作上可以遞延納稅帳戶處理這項問題，該帳戶被稱為租稅平準帳戶（tax equalisation account）。

　　國際會計準則第12號規定公司必須提出依據財報上稅前盈餘所計算的納稅金額，而這項金額不是公司於該會計年度所實納稅金。損益表應顯示當年度應納稅額（當期所得稅費用），資產負債表應顯示未來所得稅負擔（遞延所得稅負債）。遞延稅款之計算方法以預期未來稅率乘以發生遞延交易之獲利，遞延所得稅負債和遞延所得稅資產可能同時存在，遞延所得稅資產就是在未來可回收的課稅損失與抵減。

帳簿之調節與搭配

　　各公司至少都有三套帳簿，第一套供管理階層經營公司之用，第二套則供稅務機關計算每年應納稅款使用，第三套則是

在年度報告中供股東查閱之用。在正常健全的會計程序下，這三套帳簿當可互相協調搭配使用。

資本或營收

在年度中處理非流動資產時，決定該項目應被視為資本（資產負債表）或營收（損益表），更加強資產負債表和損益表之間的關聯性。營收費用和公司的一般業務息息相關，也與非流動資產的維持有關。資本交易，通常要為公司創造一個長期資產。

而研發成本的處理，恰好是決定資本或支出潛在影響的最佳範例。決定的結果對損益表與資產負債表均有重大影響。

舉例來說，一家公司每年投資100,000美元研發經費，研發時程為10年，預計研發的新產品和服務將會在未來十年陸續面世。該公司的政策是自首年起，每年以25,000美元分派股東股利：

單位：美元	第一年	第2a年	第2b年
當年度盈餘	150,000	75,000	75,000
研發費用	100,000	100,000	10,000
盈餘	50,000	(25,000)	65,000
股利	25,000	0	25,000
保留盈餘	25,000	(25,000)	40,000

假若該公司經營狀況欠佳，第二年時盈餘減半，並無足夠的盈餘用以分配股利（第2a年）。此時公司所能採取的措施十

分有限，或可以改變營運條件（增加收入或降低成本），不過
比較容易傾向改變研究發展處理政策。

有人主張，攤提研發費用會是比較好的財報形式，且可以
精確反映實際情況，也就是在研發出新產品或服務的那一年攤
提研發費用；但也有人認為，以一年的銷售收入彌補10年的
研發費用非屬公平的會計處理方法。

該公司選擇於第二年的收入中登錄十分之一的研發費用，
並於剩下九年依相同比例陸續攤提，直到完全沖銷為止。參照
上表，第2b年在損益表中登列10,000美元研發費用，未攤提
的餘額為90,000美元，列為資產負債表中的非流動資產。

這種會計表達的改變所造成的影響，是該公司在2b年度
出現盈餘65,000美元，將可分配股利給股東。同時在資產負債
表中也顯示一筆新資產，即90,000美元的研發費用。雖然實務
上採取此種簿記方式並沒有任何錯誤，但將研發費用列為資產
負債表中的資產則引發許多爭議。

許多公司曾將研發費用登載於資本項下，後來卻發現，在
壓力下不可能迅速將其轉化為確定的現金流量。為了因應這個
問題，並避免在公司財報中可能發生的不實陳述或錯誤，依現
行會計標準，研發費用需遵行審慎性原則（prudence rule），公
司需於費用發生時沖銷。

國際會計準則第38號對研究的定義如下：

> 「係指原創且有計畫之探索，以獲得科學性或技術性
> 之新知識。」

對發展則定義如下：

「係指於產品量產或使用前，將研究發現或其他知識應用於全新或改良之產品或服務之專案或設計。」

研發的未來經濟利益往往虛無飄渺，難以確定。研發的產物為內部發展的無形資產，與同樣由內部產生的商譽一樣，不得做為資本，國際會計準則第38號以列舉要件規範可以資本化的研發支出。從今日的角度來看，前例中所討論的研發成本只不過是歷史的陳跡，但今日許多企業面臨如品牌名稱這等各式各樣的無形資產評價問題（參閱第二章）。公司為求財報上的利潤可以不擇手段，那資本化費用又有何稀奇呢，1990年代已有不少公司玩過這種花樣：

- 增加非流動資產價值的維修費用（maintenance and repairs）；
- 資本化實質價值存有疑問的軟體；
- 資本化內部軟體成本；
- 資本化行銷與宣傳費用。

一旦把費用列入資本項下，可以沖銷數年的成本，或可將其視為一次性反覆發生的費用，抑或視為特別費用，即可使該費用不影響當年度申報的盈餘。世界通訊（WorldCom）弊案中，該公司就是利用減少真實資本支出（Capital expenditure）和資本化營運費用來虛構獲利，以滿足執行長「我們必須達到經營績效」的堅持，該會計帳弊案的規模計110億美元，減少

眞實資本支出和資本化營運費用所創造的金額即占其中38億美元。

利息

公司支付借款的利息以及由投資所獲得之利息，可列入損益表帳面金額或於附註中說明。通常損益表上的數字是淨應付利息，即應付利息減去利息收入和資本化利息。

當年度的應付利息總額應分爲數個部分——分別爲短期借款利息，如銀行貸款，即期償付或12個月內需償付之利息，以及未來五年內即將到期之貸款利息。

資本化利息支出

如果公司爲完成某項重大計畫項目而貸款，諸如建立一座新的工廠或大型超市，依據國際會計準則第23號之規定，則可將利息支出列在資本項下，並依循公司的一般折舊政策沖銷。雖說以已發生之利息費用興建資產是爲合理，但此舉會減少費用支出，增加財報上的利潤，附註中應明確表列當年度資本化的利息金額。檢視公司已付利息時，也許是在計算利息覆蓋比率（interest cover）時，最好使用應付利息總金額爲是，此因公司資本化部分應付利息並不會改變該公司當年度應付利息之總額。

有效利率法

當公司投資或借貸，期間爲時數年，期間內需支付利息，有一些關於認列與估價的問題需處理。今公司以50,000美元的

價格售出產品，客戶頭期支付10,000美元，嗣後一年一期，分5期支付50,000美元，如果當期現金售價爲40,000美元，而利率爲5%，帳戶應如何記載？立即在損益表登錄一筆60,000美元的銷貨收入顯非正確。

國際會計準則第18號規定，這筆交易在存續期內應部分登錄爲銷貨收入，部分登錄爲利息所得，

爲了明瞭未來收益與費用的眞實負擔，應計算有效利率（effective interest），操作上也是利用折現方法使其對應現時資產或負債的帳面價值。

查閱年金現值表（定年定額給付）可得知，年利率百分之五，權利期間五年的現值因子爲4.3295。假若未來五年，每年受領10,000美元，則其現值爲43,295美元，亦即43,295美元以百分之五的年利率投資五年後，其資本總額爲5萬美元。

參照下表可知，實質上該公司提供43,295美元，五年期的貸款，借貸人分五年償還本金與利息，每年清償1萬元。第二列爲百分之五的利息費用，每期支付現金扣除利息費用的餘額才是攤還的本金。

年	現金支付	利息費用（5%）	本金	結餘
				43,295
1	10,000	2,165	7,835	35,460
2	10,000	1,773	8,227	27,233
3	10,000	1,362	8,638	18,594
4	10,000	930	9,070	9,524
5	10,000	476	9,524	0

計算所得的現值應在損益表上認列為收入項，第一年該公司應認列53,295美元（10,000美元頭期款＋現值43,295美元）的收益，嗣後每年該公司應在損益表登錄上表第3欄所示利息所得（2,165美元，依次類推）。

營業與融資租賃

資本與收入項目間的另一個差異為對租賃的處理，國際會計準則第17號規範租賃契約的會計處理準則，並定義租賃如下：「租賃係指出租人將特定資產之使用權於約定期間內授予承租人，以收取一筆或一系列款項之協議。」

租賃給付應列為營業費用，登錄於損益表中，或是做為非流動資產，記載於資產負債表中，不同的決定將會影響該公司年度報表上的獲利。在1990年代，許多公司藉由操縱財報上的租賃契約，掩飾資產所有權，以改善財報上的獲利。

主要判斷標準是權利及所有權的風險及報酬（risks and rewards of ownership）是否轉移給承租人，假如已轉移，則該租賃視為資本化，並登錄在資產負債表中（融資租賃〔finance lease〕）；若非如此，資產仍被出租，而租賃給付是屬於一種營業費用，應登錄在損益表中（營業租賃〔Operating lease〕）。

融資租賃的定義：「移轉附屬於資產所有權之幾乎所有風險與報酬之租賃。資產所有權最終可能會，也可能不會移轉。」

租賃的判斷實質重於形式，如果租賃實際上轉讓所有權給承租人，此種行為被視為收購資產。融資租賃以外任何其他類

型的租賃契約均屬於營業租賃，營業租賃需將租賃給付登列為損益表上的費用項，不必登錄在資產負債表。

公司可能簽訂售後租回契約（sale and leaseback agreement），出售資產並隨即租用，這常常發生在辦公大樓上，承租人收取現金，並可以完整的使用收入資產，至於租賃將被視為融資或營業租賃，端視契約內容而定。

融資租賃依租賃資產的公允價值，或是最低租賃給付（minimum lease payments, MLP）的現值認列在資產負債表上。假如租賃雙方同意，立即支付 10,000 美元，嗣後 3 年每年支付 10,000 美元，租賃隱含利率為 10%，可以得出現值為 34,869 美元（頭期款＋10,000 美元×現值因子 2.4869）。最低租賃給付的現值為 34,869 美元。租賃期間內，需要認列資產以及租賃負債，且必須折舊。

國際會計準則第 17 號要求財報應揭露最低租賃給付及現值，並且需依照不同期間分別揭露：一年內，二至五年，以及五年以上。

股利

股東出資的目的在分配利潤，這是分派股利（亦稱為股息）的基礎，股利只能從盈餘中撥付，假若從資本中撥付股利，將有違資本維持原則。無論是分派給股東的股利（期中股利）或是董事領取的年度酬勞（年終股利），通常只在股東權益變動表中以單一數字提示。

當公司宣布發放 10% 股利時，這是以股票的票面價值而非

時價作計算的基礎，亦即票面每股1美元或1英鎊的股票，股東每股可獲分派的股利是10分或是10便士。

除以現金分派股利外，分派股權憑證或是股票股利也十分常見，對公司來說，其優點在於不致減少現金餘額，對股東來說，更是增加資本利得與未來股利的機率。

無盈餘則無股利

從管理角度來說，當獲利微乎其微或是根本沒有時，公司不應分派股利。從技術層面而言，縱使公司出現虧損，只要資產負債表上有足夠的可分配準備金與現金，即足以分派股利。

保留盈餘

付清所有成本和費用、利息及股利後，剩下的即為保留盈餘（淨利或盈餘），應登入資產負債表，加入累計股東權益。

擬制獲利

務必確定使用分析的獲利數據來自公司申報的損益表，近來公司傾向提供投資人「擬制獲利」（Pro forma profits）的財務資訊。國際證券監理機構組織（IOSCO）在2002年即建議投資人在使用非經一般公認會計原則所編製的數據時，應審慎為之：「投資人必須注意，這些擬制數據非依一般公認會計原則製作，該擬制財務數據不得使用於財務報表，並可能忽略或重新分類重大費用」。

在美國證管會推動下，於2003年公佈的沙賓法案中對所

有由上市公司所公佈的擬制財務資料，都訂有嚴密規範。

期中報告

　　年報並非唯一可供分析公司績效和狀況的財務報表，上市公司必須公佈期中報告（Interim Reports）。期中報告通常涵蓋三至六個月，目的在於使投資人了解公司的績效。國際會計準則第34號明示期中報告的最低揭露要求，期中報告應有助於查明任何組織變化、公司收入、流動性、現金流量產生的趨勢或波動性，除應讓投資人掌握自上次年報發布後公司最新的活動或事件，還必須提供比較報表。

　　關於期中報告有兩種看法，美國企業視期中報告為年報編製過程的一部分（整體觀點），可變更費用登錄的時點。英國公司視期中報告有如年度報告一般，為一個獨立的報告（獨立觀點），費用於發生時即應認列支出，不得改變。

　　公司可以選擇提出完整的財務報表，而非精簡後的簡明格式：

- 資產負債表；
- 損益表；
- 股東權益變動表；
- 現金流量表。

　　此外還可揭露：

- 每股盈餘；

- 分派之股利；
- 各部門的分析；
- 編製財報的會計政策與會計方法表；
- 管理階層的討論內容。

公司多半只在網路上公布期中報告，不另郵寄給股東。

初步報告

當會計年度結束時，多數公司會在90天內發布初步報告（Preliminary announcements），公布上年度之業績及股利，初步報告揭露的資訊近似期中報告，理論上報告內容與第四季或下半年較相關，可視爲年度報告的綜覽，一般來說，也是公司發布新聞稿以及媒體評論其績效的依據。

初步報告僅發送給分析師，而不提供股東，往昔是分析師取得資訊優勢的主要來源。但隨著網際網路的蓬勃發展，連結公司網站、查詢資訊不過彈指之間，以往只有專業人士才能取得的資訊，如今一般人皆唾手可得。

第四章

現金流量表

　　公司的損益表顯示全年獲利豐厚，並不代表一定有足夠的現金存活。獲利不是現金，獲利是會計指標，現金則是實體項目。1970和1980年代有許多賺錢公司倒閉，原因是缺乏現金，這增添了財報應該更強調企業現金流量、流動性及借款的壓力，現金流量表因此成了企業年度報告中第三個重要的財務報表。美國在1970年代末期採用現金流量表，英國則在1990年代初。

沒現金就等著關門大吉

　　獲利有一部分是事實、一部分是看法，偶爾也參雜著期望，不同的假設、觀點及會計處理會產生不同的獲利。低獲利率或營運產生虧損可能讓一家公司的管理階層感到氣餒或臉面無光，但並不代表該公司已病入膏肓。企業只要有現金就算沒賺錢也能存活，要是沒現金，就算賺錢也可能倒閉。

　　公司的所有活動在某個階段會轉成現金，企業拿現金支付員工薪水並付款給供應商，顧客則拿現金購買商品與服務。公司也必須投資資產以維繫成長、納稅及支付金主利息及股息。

在任何時候，現金都只有一個不容置疑、可確實計算出來的數字。

什麼是現金？

現金通常是指公司和個人日常交易使用的鈔票和錢幣，以會計和財務分析為目的時，現金的定義會更廣一些，不只包括錢幣和紙鈔，也涵蓋銀行帳戶裡的錢，這些現金或接近現金的資產形成企業流動資產的一部分，要評估公司現金部位的強弱，可從檢視公司年初與年底持有現金金額的變化著手，只需觀察連續兩年的資產負債表就可看出現金是增是減。公司持有的現金增加可視為流動性好轉的好兆頭，然而，在評估企業的流動性時，任何短期借貸，例如英國的透支（overdraft）都應該從現金及銀行餘額中扣除，才能得到淨部位（net position）。

現金餘額

在多數情況下，現金可以包括所有現金及扣除透支或其他需償還貸款後的銀行餘額，換句話說，就是公司現有、可立即使用的現金，儘管現金對企業經營至關重要，但現金是不具生產力的資產（除了可能孳息外），現金可用來償債或增加具生產力的資源，讓企業減少支付利息並改善獲利能力。缺乏現金的企業可能陷入困境，但持有過多現金的企業可能不是以最賺錢的方式營運。但你得小心別過度解讀年報中的現金餘額，因為龐大的現金餘額可能只是反映企業預先撥出現金，準備在接下來的會計年度支付購買機械的費用。

重要項目

營運資金

　　只考慮現金及流動資產在一段期間的變化，無法對一家公司歷經的財務變化有充分的基本了解，如果把分析範圍擴大至涵蓋所有的流動資產（current asset）及流動負債（current liability），就能更清楚看清企業的財務狀況。流動資產可能在很短的時間內變成現金，流動負債則是企業須在資產負債表日（balance sheet date）後12個月內以現金清償的債務，有時償還期限甚至更急迫。流動資產扣掉流動負債，就得到淨流動資產或淨流動負債，也就是所謂的營運資金。營運資金的變化是觀察公司狀態與績效的重要指標。

　　公司運作時，包括現金在內的財務資源或資金會持續流動，如圖4.1所示。傳統上，公司生產或購買存貨，供應商提供原物料，公司在營運過程中會產生營業成本及費用，客戶購

圖4.1　營運資金循環

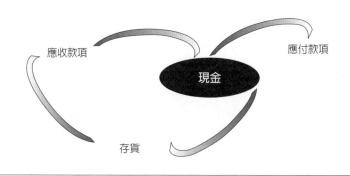

買產品。這些交易都以現金或信用條件完成，流動資產及流動
負債的變化會反映企業在營運過程中進行的交易帶來的影響。

　　然而，把營運資金當成分析公司財務變化的基礎時會產生
許多問題。只專注於營運資本的增減，會忽略資產負債表中的
其他部分，如非流動資產、股東資金及長期借款等。公司也可
能在資產負債表的編製期間控制流動資產及流動負債的多寡，
包括在會計年度即將結束前向客戶追討款項，使資產負債表中
的應收款項呈現不具代表性的低水位；延期支付廠房與設備的
費用，好提高現金餘額水位；以及提前或延期付款給供應商，
以調整信用水準。

資金流量

　　每家公司都會有營運資金範圍以外的交易及活動所產生的
現金流動，營運資金循環不是企業的全部，企業還可能買賣非
流動資產、支付股息與利息、繳稅、籌措或償還貸款，以及發
行或買回股票。把這些項目納入考量，就能更完整分析企業財
務資源的流動。只要分析連續兩年資產負債表之間的每個變
動，就能涵蓋所有的資金流動，這就是所謂的資金流量分析。

　　資金可被定義為任何可供公司收購資產的資金來源。向股
東籌措的現金是資金來源之一，可用於公司營運；向供應商取
得的額外信用雖然不是現金，也算是一個資金來源，使公司得
以提高存貨水位；當年度新增的任何負債是另一個資金來源，
可供公司擴增資產。

來源與用途

公司當年度產生了哪些資金以及如何運用這些資金，可以從資產負債表觀察起。資產負債表等式：資產＝負債，確保公司在任一年度使用的資金不能大於或小於其產生的資金，也就是說，來源要等於用途，如果企業產生的資金超過可立即用於營運目的、支付利息與股息或償還借款的資金，餘額將顯示在年底的現金餘額上，持有更多現金是資金的用途之一。

資金來源

考慮進行投資的公司可透過以下幾種方式籌措投資所需的資金：

- 使用現有的現金餘額；
- 從營運產生現金；
- 向股東籌資；
- 借錢；
- 改變信用條件；
- 出售資產。

資金來源分為兩種：內部與外部。內部來源大多在公司的掌控下，有一部分的內部資金可以預期是透過損益表產生，股東可以是內部資金來源，但股東也會要求以現金支付股息，外部來源則包括供應商提供給公司的信用付款條件，以及銀行與其他機構提供的短期、中期或長期資金。

觀察連續兩年資產負債表之間的變化時，資產減少或負債

增加都算是企業的資金來源。然而，常識告訴我們，資產增加的同時，必然伴隨著負債（股東權益）增加，但由於這個觀念並不表示財務資源實際的移動情形，因此應該被忽略。

來源＝負債增加與（或）資產減少

資金用途

企業當年度可使用的資金可用於：

- 增加流動資產；
- 減少流動負債；
- 購買非流動資產；
- 償還借款；
- 買回庫藏股；
- 掩飾營業虧損。

客戶信用政策的改變造成年底時應收款項增加，是資金的用途之一，這事實上是允許客戶向企業借貸更多資金，客戶占用了企業可用於他途的寶貴財務資源，直到支付商品或服務款項為止。資產增加或負債減少，如購買新機器、付款給供應商或償還貸款，都可被視為消耗資金。

用途＝資產增加與（或）負債減少

資金流量表

顯示企業財務狀況變化的表可稱為：

- 資金流量表；
- 財務狀況變化表；
- 來源與運用表；
- 現金流量表。

比較連續兩年的資產負債表，並找出兩者之間的所有差異，就能得到資金流動表，也就是逐行對兩份資產負債表中的每個項目進行相減運算，這些差異代表資產或負債的增減，因此當年度發生的所有變化可代表資金的來源或用途。

單位：美元	第一年		第二年		金額增減
非流動資產					
廠房與設備	210		250		+40
折舊	<u>110</u>	100	<u>120</u>	130	+10
流動資產					
存貨	60		75		+15
應收款項	30		40		+10
投資	0		10		+10
現金	<u>10</u>	<u>100</u>	<u>15</u>	<u>140</u>	+5
總資產		<u>200</u>		<u>270</u>	
股東權益					
股本	100		110		+10
保留盈餘	<u>60</u>	160	<u>80</u>	190	+20
貸款				20	+20
流動負債					
應付款項	30		40		+10
稅款	<u>10</u>	<u>40</u>	20	<u>60</u>	+10
總負債		<u>200</u>		<u>270</u>	

　　把第一年的資產負債表，自第二年的資產負債表中扣除後得到的變化，代表當年度的資金來源或用途。

來源	單位：美元	用途	單位：美元	
保留盈餘	20	廠房與設備	40	
折舊	10	存貨	15	
發行股票	10	應收帳款	10	
貸款	20	投資	10	
應付款項	10	現金	<u>5</u>	<u>80</u>
稅款	10			
	<u>80</u>	<u>80</u>		

折舊處理

　　上述例子中，10美元的折舊（攤銷）被列爲資金來源，折舊在損益表（income statement）中被列爲費用，但提列折舊費用時不會產生現金流動。如果企業當初是以現金收購須提列折舊費用的資產，那麼這些資產直到被處置爲止，都不會再產生現金流動，折舊是非現金費用。

　　非流動資產可能只會顯示扣除折舊後的30美元淨變化（40美元減10美元），而不是分別列出40美元的廠房與機械投資，及10美元的折舊費用，然而這可能隱藏與非流動資產有關的眞實資金流動情況。10美元的折舊費用是從企業營運中產生，而且可在當年度再投資於資產，企業不但維持也增加有用的資源，因此最好把這些變化看成企業花了40美元新增廠房及機械。

　　必須明瞭的是，把折舊當成資金來源是很常見的做法，但嚴格說來這是不正確的，折舊政策的改變不會對現金造成衝擊，公司無法藉由改變折舊率產生現金，如果公司決定讓折舊費倍增至20美元，就會使獲利減少10美元，保留盈餘加上折舊仍是30美元，第二年年底的現金餘額也仍是15美元。

從資金流量到現金流量

　　直到1991年為止，英國所有公司都必須在年度報告中提供資金來源與運用表（Statement of Source and Application of Funds），標準會計實務公告第10號（SSAP 10）給予企業相當大的內容呈現彈性，公司採用的報表格式不盡相同，使外界難以比較資金流量，而且這種表只顯示一段期間內兩份資產負債表間發生的變化，並未提供評估公司履行義務能力不可少的額外資訊，包括在期限屆滿時支付供應商或股東款項的能力。

　　在財務報表的使用者清楚表達對資訊透明度的不滿後，企業承受的壓力與日俱增，使用者想看清楚財務資源從何而生、企業如何應用這些資源、流動性及借款因此產生哪些變化。1990年之前，英國大部分的大型企業提供只含當年度現金實際流動情況的現金流量表，而不是資金流量表。

現金餘額變化

　　有時候調整資金流量表的呈現格式，以凸顯現金餘額的變化，會使你獲益良多。

單位：美元

期初現金餘額		10
來源		
發行股票	10	
貸款	20	
保留盈餘	20	
折舊	10	
應付款項增加	10	
應繳稅款	<u>10</u>	80
		90
用途		
存貨增加	15	
應收款項增加	10	
投資	10	
廠房與設備	<u>40</u>	<u>75</u>
期末現金餘額		15

現金流量

　　銷貨收入產生的現金流量不同於顯示在損益表上的銷貨收入數字，這是公司實際收到的現金，而且在應計會計（accrual accounting）基礎下，並不包含與客戶的信用交易。藉由調整信用相關項目的總額，我們就能得到來自客戶的現金流入及流向供應商的現金流出。

　　假如當年度的銷貨收入是150美元，那麼現金流入可計算成：

$$現金流入＝銷貨收入＋（期初應收款項－期末應收款項）$$
$$140 = 150 + （30 - 40）$$

客戶年初欠下的30美元已經收回，當年度150美元的銷售中，只收到110美元現金（150美元扣除期末應收帳款40美元），銷售實際的現金流動是140美元（30美元加上110美元）。

流向供應商的現金流出可以相同的方式計算：

$$現金流出＝採購＋（期初應付款項－期末應付款項）$$

現金流量與獲利

妥善管理獲利與現金是公司成功的關鍵，有獲利但沒現金的公司實在毫無意義，這種公司長期難以生存，同樣的，擁有現金但沒賺錢的公司，除了短期內可以生存外，沒有其他的好處。

評估現金流量對充分了解一家公司的財務狀況至關重要，大型企業在年度報告中揭露獲利後隨即宣告倒閉或破產的例子不勝枚舉，原因正是缺乏流動資源。公司當年度可能公布營運資金隨著存貨及應收款項一起增加，藉此掩飾現金已降至危險水位的事實，下面的例子顯示淨流動資產由25美元增至30美元，但現金餘額降至零。

單位：美元	第一年	第二年
存貨	20	30
應收款項	10	20
現金	5	0
	35	50

應付款項	<u>10</u>	<u>20</u>
營運資金	25	30

公司可能只需要多花點腦筋就能使年度報告呈現獲利，但要在沒有舞弊的情況下創造現金的難度很高，公司可藉由提供客戶誘人的信用條件提高銷售收入，但要是從中產生的應收款項收不回來，現金餘額就會衰減，也可能難以取得新庫存以滿足未來的業務需求。公司可重新評估非流動資產的價值，好讓資產負債表看起來更健康，但這麼做不會改變現金餘額。近年來出現了重點轉移，現金流量表逐漸被視為年度報告中不可或缺的重要部分。

營運（公司經營）產生的盈餘應該是現金流量的要素，要是發生虧損，只有在當年度的折舊費用超過虧損時，內部產生的現金流才會呈現正數。如同資金流量表，折舊這個非現金項目在現金流量表上會被加回當年度的盈餘。

公司可能出現對客戶賒銷（credit sale）產生獲利，但現金餘額減少的情況，舉例來說，對客戶賒銷150美元，當交易完成時會記錄110美元的相關材料與勞動成本，並計入當年度的損益表，但現金餘額可能不會增加，要是供應商已拿到110美元銷貨成本中的60美元，但客戶尚未支付150美元的欠款，損益表將顯示40美元的毛利，資產負債表中的現金餘額會減少60美元。

單位：美元

銷貨收入	150	現金流入	0
銷貨成本	<u>110</u>	現金流出	<u>60</u>
獲利	40	現金流量	(60)

費用資本化與現金流量

公司可藉由讓部分費用、利息支付或產品研發成本資本化，把損益表的費用移到資產負債表中，從而改善財報上的獲利，但與當年度費用相關的現金流動仍維持不變。把費用資本化後，損益表可能會呈現獲利，現金流量表則會顯示營運現金流量呈現負數。

現金流量、股利及稅

支付公司直接成本及費用後，就剩下營業現金流量，理想的情況是，營業現金流量足夠支付借款利息及所得稅，並成為配息給股東的資金來源。出現虧損的公司仍可能配發股息，只要資產負債表中有充足的收入準備（revenue reserves），及可用於支付股利的現金。但不斷拿收入盈餘和現金資源支付股利的公司，終究會遭遇麻煩。

妥善管理內部開支的規則很簡單，那就是公司應該只從健全且正向的現金流量取得支付股東股利所需的資金，不該仰賴出售非流動資產或借款，透過日漸減少的營業現金流量支付股利的公司，此舉可能滿足股東的短期需求，但會缺乏足夠的資金進行再投資，使公司的成長及獲利能力難以延續。

現金流量表將顯示，當年度的股息、利息與所得稅都是現金流出，當年度要支付多少稅款通常是依據前一年的獲利，因此損益表中的所得稅費用與現金流量表中的所得稅費用不一致。基於簡單明瞭的理由，本章節使用的例子會忽略支付利息、股利及非流動資產投資的時間差異。

營運資金與現金流量

公司擁有的存貨數量，以及提供給客戶或向供應商取得的信用如果出現變化，會對財報上的獲利和現金流量造成影響，向供應商取得的信用增加算是一項資金來源，增加提供給客戶的信用，是耗用現有的財務資源。

我們能藉由檢視營運資金的流動，探討流動資產與流動負債之間的關聯。再看看本章稍早使用的例子，60美元的財務資源中，有40美元用於增加非流動資產，其餘的20美元用於提高營運資金。

單位：美元
現金流量

來自於營運	30	
貸款	20	
發行股票	10	
投資非流動資產	(40)	20

營運資金增加

存貨增加	15	
投資增加	10	
現金增加	5	
應收款項增加	10	
應付款項增加	(10)	
稅款增加	(10)	20

以這個方式呈現資金流動表有助於解釋現金流量的來源和運用，並把投資活動及資本結構的變化與營運資金及流動資產的變化區分開來。

現金流量表

現金流量表是損益表與資產負債表之間的重要環節，你必須取得詳細的公司內部會計紀錄，才能製作出實際的現金流量表，如同資金流量表，你不可能單靠年度報告就自己製作出現金流量表。現金流量表提供關於公司期初及期末「現金及約當現金（cash equivalents）」變化的資訊。現金及約當現金是指來討即給的現金餘額及銀行存款餘額，以及其他具高度流動性、可立刻轉換成現金的無風險投資。

現金流量表的目的是供人評估企業產生現金流量的能力和現金流量發生的時間及強度，並允許人們直接對類似的公司進行比較，國際會計準則第7號規定現金流量必須分為營運活動現金流量、投資活動現金流量，以及融資活動現金流量，把這三種現金流量相加，就能解釋過去一年的現金部位變化。這提供評估及預測現金流量的重要基礎，使人們容易比較公司間的差異。會計差異不會影響現金流量。美國把這種報表稱為現金流量表，國際會計準則理事會正計畫採用這個名稱。

營業現金流量來自：

銷售商品及提供勞務獲得的收入、利息及股利收入
付款給供應商、支付員工薪資、營業費用、繳納所得稅

我們可以合理預期，營業活動是企業現金流量的主要來源，經營公司產生的現金流量可供我們判斷盈餘品質，並評估企業未來是否有能力繼續產生正向且強勁的現金流量。

投資活動包括收購非流動資產及其他長期投資，融資活動涉及公司財務結構的變化，股東權益和借款的增減都與融資活動有關；發行股票、買回庫藏股及發放股利都會影響股東權益。

營業活動現金流量

現金流量表一開頭就是詳述營業產生的現金，包括：

流入	流出
收到客戶款項	付款給供應商
出售營業資產	收購營業資產
利息收入	支付利息
	付員工薪資
	繳稅

公司報告營業現金流量時可採用直接或間接法（又稱為淨額或毛額），間接法最受歡迎，但不見得能提供最多資訊，有時無法顯示資金的來源或去向，美國財務會計準則委員會及國際會計準則委員會積極鼓勵公司採用直接法。

間接法以稅前盈餘開頭，再納入營運資金變化，列出的利息及稅金代表當年度實際支付的現金金額，不論利息有無資本化。

第一步是調整非現金項目的稅前盈餘數字，如折舊或任何投資及融資交易。出售非流動資產的盈虧及匯兌差額則在現金流量表的投資及融資活動中處理，因此須加回匯損並扣除匯兌收益，完成後就得到包含營運資金項目變動的營業現金流量。

　　營運資金增加時，營業利益就大於現金流量；營運資金減少時，營業現金流量就小於營業獲利。營運資金增額要從獲利中扣除，減額要加回去以得出現金流量，最後再調整稅金，以得出營運活動淨現金流量，這個最終數字如有需要，可分為繼續營業及停業部門。

所得稅前盈餘

調整項目

　　折舊與攤銷

　　匯兌收益／匯損

　　出售非流動資產之盈虧

　　利息支出／收入

　　存貨增加／減少

　　應收款項增加／減少

　　應付款項增加／減少

　　繳納所得稅

營業淨現金流量

　　直接法會得出與間接法相同的營業活動淨現金流量，但呈現的方式不同。直接法顯示營業現金流量表中各項目的總現金流入及流出。

客戶產生的現金

　　對供應商付現

　　　　對員工付現

　　　　營業費用付現

　　　營運產生的現金

　　　　付息

　　　　支付所得稅

營業活動淨現金

　　銷貨收入可被視為已扣除了所有銷售稅及壞帳，銷貨收入和進貨之現金流量的計算方式如同本章稍早所述。

　　銷貨現金流量＝銷貨收入－應收款項增額（或加上應收款項減額）

　　進貨現金流量＝進貨－應付款項增額（或加上應付款項減額）

　　沒有哪項會計準則能訂出一套嚴格界定公司每個營業項目或交易的規則，因此仍有一些分配的問題存在。現金流量表列出的許多項目中，已訂定各個項目應登錄的標題為何：如營業費用或投資？然而，現金流量表也會顯示現金交易的衝擊。

　　須切記，營業現金流量不包含廠房及機械設備等非流動資產的使用或更換（折舊），營業利益預料會大於營業現金流量。

投資活動現金流量

　　現金流量表的下一個部分與公司的投資活動有關，採購產生的非流動資產增加會顯示在這裡。

流入

處分投資

出售非流動資產

償還貸款

流出

購買投資（不是約當現金）

購買非流動資產

承作貸款

公司可能重估非流動資產的價值，但此舉不會產生現金流動，因此不會影響現金流量表，這個部分會詳細描述子公司、關聯公司及合資事業的收購與處分，連同從這些事業體取得的股利，也會顯示長期投資的購置或處置（disposal）。

財產、廠房及設備的收支

收購或處分子公司

收購或處分關聯公司及合資事業

從關聯公司及合資事業取得的股利

無形資產的收支

來自（用於）投資活動的淨現金流量

顯示在資產負債表上的非流動資產變動與顯示在現金流量表上的不同，現金流量表所列的是公司當年度實際支出的現金金額，資產負債表上的數字則取決於時間差異，可能的情況是公司已購入資產，但到會計年度結束時才付清費用，因此資產增加是顯示在資產負債表上，而不列入現金流量表。

公司管理階層扮演的主要角色是做出投資決定，對可用的財務資源做適當的分配，為未來的獲利成長增添動能。現金流量表顯示與公司投資活動有關的現金流出及出售資產產生的現金流入。雖然現金流量表列出當年度資產支出總額，但不見得

會確切且詳細地揭露現金流向或用途，因此現金流量表無法做
為評估公司投資品質的依據。

收購與處分

　　如於當年度收購或處分子公司，現金流量表只需列出支付
或收入的現金，扣除從子公司獲得的所有現金，才是現金流
出。

　　假如以發行股票的方式而不用現金收購子公司，那麼唯一
會衝擊現金流量表的就只有子公司的現金餘額收入，而且所付
的價格會與顯示在現金流量表上的不同。每進行一項收購，
投資活動可能只會顯示唯一一個數字，國際會計準則第7號要
求，這個數字應輔以摘要說明收購對現金流量的衝擊，明列所
收購淨資產的公允價值以及收購資金從何而來。揭露實際的現
金流出以及對融資條件（financing requirements）的衝擊，使外
界更能評估這些收購真正的可行性。

　　舉例來說，某公司採用發行股票及支付現金雙管齊下的方
式購併子公司。

應付款（單位：美元）			收購資產（單位：美元）		
發行股票	80		資產	50	
現金	20	100	商譽	20	
			現金	30	100

　　購入該子公司後，其現金淨值會使集團現金餘額增加10
美元：母公司付20美元購得30美元現金，在此情況下，只需
把這10美元的變動列入現金流量表。

收購與處分現金流量的考量方式，須視被分析集團的本質而定，有些公司全年定期買賣公司或事業，對這些公司而言，出售事業產生的獲利及正向的現金流量，算是營業活動的一部分；對大多數公司而言，情況並非如此，出售主要子公司可帶來可觀的現金收益，但僅此一次。

可能的話，應考量出售子公司或重要事業投資是否為審慎規畫的策略或不得不做的痛苦抉擇。想由年度報告中的各項管理報表確定處分資產的理由，通常不太容易，因為企業不可能承認出售子公司是因為即將耗盡現金；最常見的是以編制合理化、重新整編、企業再造等理由來解釋處分主要事業的決定。

融資活動現金流量

現金流量表的最後一個部分關於公司財務結構管理，顯示當年度的借款及股本變動。

流入	流出
發行股票	買回庫藏股
發行債券	償付債券
	支付股息

這個部分會顯示支付給股東的股利，也可能顯示支付的利息，但被納入營運活動現金流量的可能性更高，此處提供的資料通常包括：

支付股利
發行股票

買回庫藏股

償付短期及長期借款

短期及長期借款產生的收益

融資租賃付款下的資本及利息義務

來自（用於）融資活動的淨現金流量

資產負債表中通常不會把融資租賃（finance leases）項目下持有的資產價值另外列出，而是列入非流動資產總額中，融資租賃並未涉及資本現金流出問題，如果公司在當年度以融資租賃方式購入資產，實際的現金流出會顯示於融資活動現金流量中。

除了內部的資金來源，公司還有兩種選擇：透過發行股票向股東募集額外資金，或向銀行或其他金融機構貸款。如果當年度發行或買回股權股票，現金變動情況就會顯示在這裡。請記住，沒有現金支出的股票發行會影響資產負債表，而非影響現金流量表。

現金流量表可協助確定公司向股東募得的金額以及對外募集的資金金額，再把內部產生的現金流量納入考量，就可以了解公司該年度的籌資方式。

流動資源管理

現金流量表中的現金或約當現金是指現金及銀行存款結餘（扣除銀行透支後），加上任何可隨時轉換為現金的流動資產投資。由於部分財務或資金管理以運用閒置現金餘額賺取利益為

目標，公司也許會進行短期投資，而短期投資會顯示在資產負債表的流動資產中。現金餘額被用來賺取利息，以確保隨時有現金可周轉使用。資產負債表中的期初與期末現金及約當現金須與現金流量相互對照，這有助於釐清現金變化。

典型的現金流量表會顯示：

期初現金及約當現金	XX
營業活動現金流量	
營業活動淨現金流入（流出）	XX
投資活動現金流量	
投資活動淨現金流出（流入）	XX
融資活動現金流量	
融資活動淨現金流入（流出）	XX
期末現金及約當現金	XX

還會列出去年度的數字以供比較，輔以各主要項目的詳細註解。

例外與特別項目

每家公司多少都會碰到例外或特別項目，遇到特別項目時，應當會希望分析師注意到該項目並非日常商業活動的一部分，直到2005年修訂國際會計準則第3號為止，這類項目都個別列入損益表和現金流量表，部分公司刻意把特定項目列在「特別」標題下以掩飾營運缺點的做法，曾招致批評；現在這個做法已行不通。

公司大幅改組會因支付資遣費，或關閉及搬遷營運部門的

費用而造成大量現金流出，這種現金流出通常會列入營業活動
現金流量，並在備註欄內補充說明。

外匯與現金流量

大多數的公司都以外幣進行交易，而且許多公司在其他國
家設立子公司，因此編製財務報告時，必須把所有交易兌換成
報告之公司所在國的貨幣單位。國外資產或負債於資產負債表
製作日兌換為公司所在國家的貨幣時，便會出現匯率差異。營
業活動產生的匯兌收益或匯損會納入營業活動現金流量，通常
會列入備註欄。現金流量表關於投資及融資活動的部分也會經
過匯兌收益或匯損調整，匯率對期末現金及約當現金的影響會
以單獨的項目列示於現金流量表中。

匯率差異的會計處理非常複雜，因此檢視現金流量表時需
牢記的是，這份報表只登錄實際現金變動資料，任何未對當年
度現金金額造成衝擊的匯率差異都不予理會。

摘要

- 若想全面分析並評估公司狀況，在閱讀現金流量表時須與
  登錄公司營運損益情況的損益表，以及顯示年底財務狀況
  的資產負債表一併對照使用。
- 現金流量表涵蓋的期間與損益表相同，顯示資產負債表期
  初與期末間現金餘額及借款變動，對評估企業變現能力、
  生存能力和財務適應能力非常有幫助，獲利增長不見得有

穩健且正向的現金流量作後盾。

- 合理的起點是觀察公司是否具備能持續從營運獲得正向現金流量的能力？穩定度夠不夠？過去一年的現金流量增幅是否至少與通貨膨脹率相當？

- 現金流量表能顯示公司是在創造或消耗現金，企業是否具備由營運產生足夠現金的能力，或只是消耗所有可用的流動資源而不得不籌募額外的資金？

- 營業現金流量（現金流量表）與淨收入（損益表）間的關係變化可作爲警告訊號，如果現金流量開始落後於收入，就應該問明白，其中一個原因可能是公司虛報銷貨收入，或許公司爲了增加銷售，給予客戶過度慷慨的信用條件，才會出現當年度淨收入成長，但受應收款項同步增加影響，現金流量未見增長的情況。

- 切記，公司可任意在現金流量表中列出小計金額（subtotal）並刻意凸顯這個金額，這個數字不見得能眞實反映企業的績效或狀況，請別受到小計金額干擾而忽略現金流量表中更重要的證據。

- 公司若吸收了大量現金，會顯示在現金流量表中，因此預測企業能持續支援現金流出多久並非難事。

- 公司現金流量品質一部分與管理階層的能力有關，另一部分則視業務性質及營業領域而定，企業若處在逐漸沒落的產業，即使擁有優秀的經營階層，也只能交出低落的利潤率和差勁的現金流量。此外，也需從持續營業部門產生的現金判斷現金流量品質：現金愈多品質愈好。

- 研究現金餘額與流動資產各項目的變動，舉例來說，當存貨及客戶信用水準增加，公司可能遭遇麻煩；提供額外信用的誘因不一定會提高銷售，公司可能因此面臨交易過量的危險。

- 現金流量從何而來？大多數企業集團中的個別公司及部門的現金流量模式都不相同，但至少應該有一個部門能產生正向的現金流量，以資助其他現金流量爲負數的部門發展和生存。把現金流量列爲部門報告的一部分，會很有幫助。

- 其他評估公司績效的有用指標包括：年底持有的現金與年初相比是增是減？公司當年度的借款是增是減？

- 現金流量表能顯示公司是否擁有必需的流動資源來支付現金股利，以及是否能創造足夠的現金以履行義務，包括償還到期的貸款。

- 當年度的現金流量表可作爲預測下年度現金流量的依據，未來幾年的折舊很容易計算和預測，已知的折舊率以及對未來投資額外資產的假設，可作爲準確估算未來數年折舊費用的基礎。

- 獲利對現金流量的貢獻則較難準確預測，對大多數公司而言，這是現金流量中最不確定的因素，但仍可依據前幾年的趨勢推估。

第二篇

評估各項事實

第五章

財務分析準則

本章說明評量與解釋財務分析的一般準則，或許必須牢記的最重要規則是：簡單明瞭。

可比較性與一致性

分析一家公司，或比較許多公司所使用的數字，必須盡可能真正具有可比較性。在計算報酬率時，拿一家公司的稅前盈餘與另一家公司的稅後盈餘做比較，根本不具意義。將利息資本化的公司的獲利表現，顯然會比利息未資本化的公司更好。假如採用兩家公司當年度的利息支付總額，而非出現在損益表上的利息，可能無法比較兩者的獲利能力差異。

最重要的是，要確定計算比率所使用的數字，是否具有一致性。公司在財務報表上可能變更其呈現財務資料與定義個別項目的方法。要隨時檢查財務分析有否隨著變更而調整；財務報表上的附註應會提供這些細節及其他重要事項內容。

千萬別只依賴一項比率

只根據一項比率評判一家公司的體質，實非明智之舉。應將前一年的比率納入計算範圍，以了解考慮的事項如何變動，以及趨勢潮流是什麼；或是將一家公司的比率與同業或規模相當的公司做比較。第三篇的比率表提供以產業別及國家別為分析基礎，做為評估個別公司的依據。

取樣年度愈多愈好

切勿只根據一年的數字來評斷一家公司，理想的情況是分析三或五年的數字，才能夠清楚了解公司績效是否具一致性，以及凸顯各比率中需要解釋與調查的變動資料。

年度報告應納入公司五或十年的歷史資料，這提供分析時一個有用的起點。所有過去出現的數字，都應具有一致性與可比較性。公司結構或營運的任何改變，都應考量進去，前幾年數字也須做必要調整。

公司的歷史紀錄，是財務統計的最佳來源之一，舉凡員工人數、股利支付、每股盈餘及股價等。有時候，公司呈現關於研發或資本支出的資訊也有用。開始一項分析前，不妨查閱以往紀錄，以了解哪些是即時資訊——可避免重複浪費精力。

不需要傷太多腦筋就能運用創意會計方法，為公司製造出一次的高獲利率，但維持這種假象才是真正高竿的技術。若會計人員在公司帳目上下其手，無異是走在鋼索上，而且一年年累積下來弊病積重難返，保證在不久的將來，公司會四處求助，或是倒閉。

年度結束

　　會計年度結束的日期不相同，是比較公司時常會遭遇的一個問題。在大多數國家，有三個較常用的日期：3月／4月、9月／10月、12月／1月。一家公司選擇年度結束日，主要是根據下列因素：公司的創立日期、會計年度法，以及業務的性質等等。從事季節性業務的公司，不可能想要在生意旺季準備年終會計帳，因此很少零售業者會把12月31日訂為會計年度結束日。

　　會計年度結束日期及財報發布時間的不同，經常會在編製跨國及跨公司比較表時發生問題。在正常情況下，最好的方式是，蒐集各公司在12個月期間的財務報告，雖然這可能會橫跨兩個日曆年，還可能因季節性因素出現某些偏差或失眞，但至少提供一個可以接受的共同時間基準。

一個會計年有多少周？

　　也應注意的一點是，要確定損益表是根據一年52周的標準來製作。一家公司可能已調整其會計年度結束日，因此在帳目上涵蓋的時間會超過或低於12個月，例如，在公司合併或收購另一公司之後，因為將其年度結束日改為與另一家相同，所以年度結束日會發生改變。在這類案例中，可將分析時使用的資料調回52周或12個月，將這些資料除以損益表上的實際周數或月數，然後再乘以52周或12個月。不過，切記這種調整可能會造成某種失眞或扭曲。

平均值、中位數或衆數

選定某一產業製作公司營運的排名表（從頭排到尾），不失爲明智之舉。這可以提供一個參考標準，羅列出公司的平均表現或排序。雖然在嘗試決定公司營運表現的平均值時，績效好對公司的表現或排名相當重要，但在訂定公司或產業的平均值或標準時，最好能略過，以免算出來的平均值會出現偏差的極端情況。

在許多情況裡，最好是用中位數做爲參考基準，而非用平均值。假如比較十家公司，在指數上給予九家公司10，另外一家公司爲100，那麼平均值是19（190除10），得出的結果是十家公司有九家低於平均值。

在編製一個顯示公司排名或比率的對照表時，較好的方法是採用中位數，或是中間值、中點數字。如果表上的項目數量爲奇數時，中位數就是中間數字，在下面例子中，第一排的中位數是「7」。

2	5	7	9	12
	6	8	10	11

利用「n＋1」÷2的公式可以算出中位數。n是這一組數字的數目，上例的算式應爲：（5＋1）÷2＝3，得出中位數是這一行數字群的第三個數字。如果表上的數目爲偶數，例如上表的第二行，中位數的計算公式爲：（4＋1）÷2＝2.5，中位數就落在8和10之間，等於9。

　　還有另一種算法就是採取眾數（mode），也就是說，使用最常出現在表上的數字。這是由人的肉眼找出來，而非計算出來的。當然表上也有可能出現雙眾數（bimodal），亦即有兩個出現頻率相同的數字。

調查差異

　　若一家公司的財務比率在同業（或部門）中表現出色，重要的是要找出與眾不同的原因。有可能是這家公司很獨特，而且為該產業（部門）的其他同業建立了績效或財務結構標準。不過，應注意的是，要確定這家公司不是因為使用與其他公司不同的會計算法，才得以在同業中脫穎而出。

　　同理，公司的營運績效或財務狀況若發生任何突然且劇烈改變，也應詳加調查。

　　申報的獲利若有顯著進步，可能是某項資產的一次性出售的結果，或是由處理會計項目變動造成。這是在財務分析時最安全且通常是最有成效的方法，而不是在可疑處作寬鬆解釋。當一家公司在同一產業（或部門）顯露出明顯不同於其他公司的特徵時，在進一步調查證實其非異常前，最好先假設它不是正面訊號。

圖表

　　對大多數人來說，圖表是呈現一系列財務資料與資訊的最佳方法。一張圖表可呈現公司五年來的營業額及獲利、獲利率

及總資產報酬，並能提供一個理想的方法看出趨勢及各年度的變動。圖表肯定會比一張擠滿數字、且說明相同資料的表格更有效用。一般的套裝軟體就可以輕易把一組數字變成一張曲線圖、柱狀圖或圓形圖。

檢查誠實性

公司用圖表說明企業報告的情況日漸普及，但要呈現何種圖片、隱瞞或扭曲營運或獲利走勢卻是易如反掌，例如你可以挑選某種圖表比例，傳達想要提供的訊息，就能扭曲或隱瞞獲利成長的走勢。圖5.1的兩個柱狀圖，剛好顯示相同的年度獲利。若不嫌麻煩的話，可以用一把尺量這兩張柱狀圖，兩者均顯示最後一年的獲利是第一年的四倍。然而，對大多數人而言，右邊那張柱狀圖似乎讓人感覺獲利績效較佳。

圖5.1　用兩種方式說明同一數據

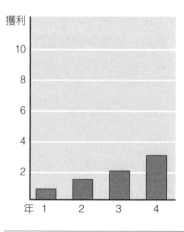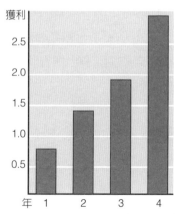

切忌依賴他人的分析

　　最安全的方法是絕對不要完全依賴其他人的分析，尤其是被研究的公司所提供的分析。公司績效與財務狀況的評估與計算，務必要根據財報上的原始財務資料。

百分比法則

　　透過百分比來表達數字是分析與解釋財報的有用工具，特別是在研究一家公司多年的資料，或是數家公司的資料時。百分比可以有效簡化事情，把可能以數十億、數百萬或數千萬呈現的數字，減至一個可比較的計算單位。此外，百分比也更容易找出趨勢或差異，誠如以下的現金流量表所顯示：

	百萬美元	百萬美元	百分比	百分比
現金流入				
營業活動	885.2		90	
融資活動	<u>94.2</u>	979.6	<u>10</u>	100
現金流出				
投資與融資	197.6		20	
稅	231.8		24	
投資活動	<u>279.6</u>	<u>709.0</u>	<u>28</u>	<u>72</u>
現金增加		270.6		28

共同比呈現

　　同理，共同比呈現這個類百分比的報告方法，更容易分析與比較每項資金來源對公司用總資產融資的貢獻。把損益表上

的所有重要項目製成銷售營收百分比的報告，是非常有用的。
使用共同比報告的一個附帶優點是，公司以不同貨幣製作財
報，會自動消除所有的匯差。

假如總資產以100表示，各種資金來源就會顯示其相關
性，誠如以下例子所顯示：

資金來源（單位：美元）	第一年	第二年	第三年
非流動資產	1,515	1,580	1,729
流動資產	1,573	1,704	1,692
總資產	3,088	3,284	3,421
權益	926	1,314	1,711
非流動負債	618	656	343
流動負債	1,544	1,314	1,367
總負債	3,088	3,284	3,421

過程很簡單，每項資金來源除以總資產，然後再乘以
100。例如，在第三年，權益1,711美元除以總資產3,421美
元，再乘上100，得到50%。現在資產負債表就可以用這樣表
示：

%	第一年	第二年	第三年
權益	30	40	50
非流動負債	20	20	10
流動負債	50	40	40
總資產	100	100	100

從圖示中可以清楚找出這三種資金來源，而且比三年資產
負債表更容易辨識其變化與趨勢。

　　利用共同比呈現的方法，可以很快找出槓桿的任何變化，也可以輕易算出負債權益比。這提供了一個計算與解釋槓桿的替代方法。從第一年的資產負債表，總負債2,162美元除以股本926美元，得出負債淨值比為2.33比1，或233%。也可以用共同比呈現的方法得到同樣的計算結果。在第一年總負債70除以權益30，得到的比率為2.33比1或233%。到了第三年會看到減至1比1，或100%。用同樣方法計算第一年的長期負債比，即長期負債20除以長期負債加上權益（20＋30），得到0.4比1或40%，到了第三年變成0.33比1或33%。

　　這種呈現格式可用以解釋資產負債表、總資產資金來源的一面，在第一年每使用1美元資產，股東們就貢獻30美分，到了第三年股東的貢獻就變成50美分，剩下的部分則靠外部資金、借債及流動負債支應；在第一年為70美分，到第三年變成50美分。

（百萬美元）	營業額		營利		淨資產	
	第一年	第二年	第一年	第二年	第一年	第二年
事業別						
消費者商品	956	998	65	71	408	402
辦公室設備	488	532	15	22	188	201
醫療設備	694	725	72	84	484	526
電子系統	355	501	–6	9	125	201
	2,493	2,756	146	186	1,205	1,349
地區別之圖表分析						
英國	860	877	61	63	451	434
歐洲其他地區	485	498	32	34	274	255
北美	484	508	39	42	185	287

南美	307	486	–6	19	159	196
亞洲／澳洲	259	333	19	26	136	177
其他地區	98	54	1	2	0	0
	2,493	2,756	146	186	1,250	1,349

百分比（%）	營業額		營利		淨資產	
	第一年	第二年	第一年	第二年	第一年	第二年
事業別						
消費者商品	38	36	44	38	34	31
辦公室設備	20	19	10	12	16	15
醫療設備	28	26	49	45	40	39
電子系統	14	18	–4	5	10	15
	100	100	100	100	100	100
地區別之圖表分析						
英國	34	32	42	34	37	32
歐洲其他地區	19	18	22	18	23	19
北美	19	18	27	23	15	21
南美	12	18	–4	10	13	14
亞洲／澳洲	10	12	13	14	11	13
其他地區	4	2	1	1	0	0
	100	100	100	100	100	100

　　這種方法也可用來分析公司的五年紀錄、部門報告，或是財報等，就像範例中所呈現。

指數法趨勢分析

　　利用指數數字是了解公司績效的另一種方法。這份財務報告（趨勢報表）提供一個較共同比更可靠的方法，可找出公司

績效或財務狀況的趨勢，下面範例所顯示的是公司五年的財務
紀錄。

金額（單位：美元）	第一年	第二年	第三年	第四年	第五年
營業額	5,200	5,500	6,100	6,300	6,600
稅前盈餘	350	400	475	490	520

假如每年的數字除以前一年，再乘上100，就會產生一系
列的指數數字。例如將第二年營業額5500美元除以第一年的
5200美元，再乘以100，結果是106。

金額（單位：美元）	第一年	第二年	第三年	第四年	第五年
營業額	100	106	117	121	127
稅前獲利	100	114	136	140	149

在解釋指數法時，須記住它們直接與第一年有關，第二年
營業額比第一年增加300美元（5,500 － 5,200），增幅為6%，
而反映在指數法，則是從100變成106。但若因此假設第五年
的營業額也增加6%（127 － 121），可就大錯特錯。第五年的
營業額較第四年增加300美元，成長幅度不到5%，第五年的
營業額比第一年多27%，當然若以第二年做為比較基礎（把第
二年當做100），就會得出不同的指數表。

成長率及趨勢

在財務分析中評估成長率的變化非常有用處，要算出這一
年與下一年的百分比變化，其算法為：

$$100 \times （第二年 - 第一年） \div 第一年$$

因此營業額及獲利成長的算法如下：

	第一年-第二年	第四年-第五年
營業額	(5,500 － 5,200)÷5,200 = 5.8%	(6,600 － 6,300)÷6,300 = 4.8%
稅前獲利	(400 － 350)÷350 = 14.3%	(520 － 490)÷490 = 6.1%

　　由上表得知，這家公司的營業額明顯穩定成長，但若出現顯著的通膨水準，成長模式會被扭曲。解決此問題，可使用適當的通膨算法，例如可以用零售物價指數來調整營業額。考量通膨後，在第五年用美元表達之前任一年的營業額，算法爲：用第五年的通膨指數除以該年的通膨指數，再乘以該年的營業額。舉例來說，爲在第五年表現第一年的營業額，其算式爲：

$$5200元 \times （140 \div 100） = 5,200元 \times 1.4 = 7,280元。$$

　　調整後的數字提供一個更好的依據來解釋眞正的成長模式，根據這五年期間調整過後的數字，獲利成長6%，營業額減少9%。

金額（美元）	第一年	第二年	第三年	第四年	第五年
營業額	5,200	5,500	6,100	6,300	6,600
通膨指數	100	110	120	130	140
調整後的營業額	7,280	7,000	7,117	6,785	6,600

複合成長率

　　欲評估好幾年的成長趨勢，可以用複合成長率計算。這有

統計學公式可供運算，但在大多數情況下，需要一個廣泛的成長率指標，下面表格可適用於大多數情況。

　　從出現在年度報告的五年財務紀錄表，可以計算四年來的成長。假如使用上面例子的數字，最後一年的數字除以第一年的數字，可從表格上看到的商數，以找出這四年來大概的複合成長率：

$$營業額6,600美元÷5,200美元＝1.27$$
$$稅前盈餘520美元÷350美元＝1.49$$

　　檢視下圖4年這欄，最接近1.27者是6%，最接近1.49者是10%。然而在這段期間年營業額成長率略高於6%，而年稅前獲利略高於10%。

複合成長率	2年	3年	4年
1%	1.02	1.03	1.04
2%	1.04	1.06	1.08
3%	1.06	1.09	1.13
4%	1.08	1.12	1.17
5%	1.11	1.16	1.22
6%	1.12	1.19	1.26
8%	1.17	1.26	1.36
10%	1.21	1.33	1.46
12%	1.25	1.40	1.57
14%	1.30	1.48	1.69
16%	1.35	1.56	1.81
18%	1.39	1.64	1.94
20%	1.44	1.73	2.07
25%	1.56	1.95	2.44

30%	1.69	2.20	2.86
40%	1.96	2.74	3.82
50%	2.25	3.37	5.06
60%	2.56	4.10	6.55
70%	2.89	4.91	8.35
80%	3.24	5.83	10.00
90%	3.61	6.86	13.00
100%	4.00	8.00	16.00

假如需要最後三年的成長,算法是:6,600美元÷5,500美元=1.2以及520美元÷400美元=1.3。再對照三年這欄,意味著最後三年的營業額成長率僅略高於6%,而獲利成長率略低於10%。

應加以注意的是,複合成長率的算法僅僅是根據頭、尾兩年的數字,而這家公司提供的五年紀錄,有可能在第三年出現600美元盈餘或虧損,這個數字卻不影響複合成長率的計算。

外國貨幣

在同一國家裡分析許多公司,不會碰到與匯率有關的問題,但進行跨國比較時的難度較高。若嘗試將一家員工每人獲利9.6萬美元的美國公司、一家員工每人獲利9萬歐元的法國公司,以及員工每人獲利6萬英鎊的英國公司做比較,並無多大意義。解決此問題的最佳方法是把這些數字都換算成同一貨幣,不過這樣做有一些潛在的困難,最顯著的困難是要使用哪一種匯率做基準。常見的做法是二擇一,以資產負債表日期當

天的匯率，或當年度的平均匯率爲準。最簡單但絕非最精確的
方法是，將所有貨幣全部排列出來，再以分析完成日當天的匯
率，將所有相關貨幣換算成同一貨幣。

假如這三家公司同意以英國公司做爲比較基準，那麼經匯
率調整後的數字如下：

貨幣	匯率	英鎊
9.6萬美元	1.6	6萬
9萬歐元	1.5	6萬
6萬英鎊	1.0	6萬

現在這三家公司可直接以準備分析者習慣使用的一種貨幣
做比較。國際公司可以在規模、效率及績效等方面做比較。但
在採納這個方法時須小心謹愼，尤其是當分析的時間回溯許多
年時。一國貨幣對其他國家貨幣的重估，幾乎肯定會產生劇烈
的匯率變化，進而影響年度報告中所採用的各種比率。

利用資料庫

如果商業資料庫可以做爲取得公司資料與資訊的來源，不
僅能輕易獲得財務報表的內容，另一優點是每個項目都以標準
格式羅列出來。在比較營業範圍跨越許多國家的公司時，這個
資料取得管道尤具吸引力。資料庫的數字會有一致的格式，而
且經常隨附轉譯成共同語言的文字，大幅減輕分析者的壓力。
不過須注意的是，這種商業資料庫主要是採用公司在財務報表
上所提供的數字，若你覺得帳目有作假嫌疑，你需要查閱年度

報告上的資訊。

　　資料庫偶而會改變財務資料呈現的格式,假如原始資料是直接輸入試算表,在損益表或資產負債表上增加或刪減一行,可能會打亂試算表的全盤計算。在完成或採用任何形式的分析時,務必要核對輸入資料的一致性(參閱第十章)。

第六章
獲利能力評量

　　本章主要在探討分析公司的獲利能力。從聚焦於損益表的盈虧資料開始，然後再擴及資產負債表、其他財務資料及相關資訊來源。

何謂盈餘

　　盈餘的定義之一是收入大於支出。在會計學，當收入大於支出，就會產生盈餘，同理，當支出大於收益，就會出現虧損。因此，在英國與營收、支出有關的報表，稱之為盈虧帳戶（P&L），而現在所有國家都使用「損益表」一詞。

　　盈餘的定義與計算，向來是會計師與經濟學家論戰的議題之一。經濟學家關注的是未來可能會發生的事──未來收益的現在價值；會計師較關心過去發生的事──營收扣除費用。經濟學家或許能準確預測未來所發生的事，但不太可能確切說出發生的時間；但會計師則認為，在大部分情況下經濟學家只須定義獲利，而會計師實際上卻須將每年的盈餘量化成帳上的數字。

角度不同

　　盈餘一詞有各種不同意義，不僅經濟學家及會計師看的角度不同，公司各個利益團體對獲利的看法也都不太一樣。

- **股東**最關切的是公司維持或提升他們投資的價值，以及未來收益的動能。他們企盼公司能有足夠盈餘發放股利並增加他們持有股票的市值。大多數公司都會在年度報告中提供股東會一份詳盡報表，以了解這一年來他們在公司的投資變動情形（參閱第二章）。
- **放款人**借錢給公司，最有興趣看到的證據可能是，公司準時支付借款利息的能力。
- **客戶**很想評量公司的獲利水準，特別是想了解是否有營業規範可提供顧客某種程度的保護。現在愈來愈注重高標準的客戶服務及滿意度，因此公司若過度在意短期獲利而犧牲長期客戶權益，將是利大於弊。
- **競爭對手**最在意的是和其他同業比較公司的績效及效能。
- **管理階層及其他員工**最感興趣的是，自己所屬部門的獲利及其職涯展望的評量。高階主管把焦點放在公司主要營業部門的整體獲利水準，他們關心的重點應放在公司的未來潛力，而非以往績效。
- **企業及投資分析師**的客戶或雇主，可能希望能獲得一些指點，或暗示特定股票是否值得持有、或將來再度買進，或是立即脫售。他們會研究年度獲利，並與前幾年度及其他公司做比較，據以評估產業的未來與預測獲利趨勢。

資本維持的基本要件

盈餘可定義爲：資產負債表上初始資本與會計期結束時的資本差額。假若這項盈餘發放給股東當股利，公司的財務資本將不會改變（財務資本維持）。所有公司都須維持他們的財務資本。也可以合理預期一家公司藉由提供必要的非流動資產替代（營運資本維持），以維持其生產貨物及勞務的能力。

經濟學家及會計師皆同意，在算出某個獲利數字時，帳目上須載明公司用以創造獲利的資產或資本，在申報一項盈餘之前，「用光」的資產或用掉的資本，須認列在當年度總成本及總費用的項目。誠如第三章所討論，這對會計理論及公司法至爲重要，而且通常是以折舊認列，被視爲公司將來必須汰換資產時所提撥的資金。

假如公司不遵守資本維持的規定，以未列爲折舊費用的金額爲基準，繳稅給政府或支付股東股利，將無法保有足夠的資金，以維持營運所需的資產水準。這將在資產負債表的另一面反映股東在公司的權益減少，將因此侵蝕可運用的資本以及還錢給債權人的償債能力。

簡言之，未能以始終如一、合理或審愼態度提列折舊準備金的公司，實際上是對公司獲利率灌水，爲將來埋下麻煩的因子。因此，公司在申報獲利時，最重要的不僅是要確保遵守資本維持的規定，也要確保遵守編製損益表的所有基本原則。

初始考量

要分析與評估公司獲利能力，最好先從年度報告下手。年度報告提供公司活動的固定基本資料，損益表則列出公司的收支。若總收入大於總支出，則產生獲利；反之則出現虧損。

$$獲利＝總收入－總成本$$

這個等式顯然提供了一個簡單的盈餘定義，但成本要如何計算？以下的故事或許值得參考：有位公司主管無論問他的會計師什麼問題，對方總給含糊且清楚的答案，令他十分光火。例如，這位主管問道：「1加1是什麼？」會計師面帶微笑回答：「你是買或賣？」因爲實在很難對產品或勞務的成本下一個清晰且不模擬兩可的定義，因此很難定義盈餘，也很難解釋被公司申報爲盈餘的數字。

爲了解本章所提及的比率和分析，假定使用的收入或銷貨收入數字完全排除銷售稅或約當項目。在英國通常是只提供銷貨收入或加值稅（VAT）淨額。

當年度的銷貨收入通常可分爲持續及停止營運的兩種收入，當年度的獲利表也是延續使用這種劃分法。其用意在顯示公司每年是哪些業務帶來收入及獲利，並能更容易了解這些業務對當年度公司後續盈虧的貢獻程度。一家銷售獲利來源且未再投資另一獲利來源的公司，將不只是把這項銷售金額列入總收入項目，同時放棄了能創造未來獲利的收入來源。

評量工具

可以準備一張一覽表，將各公司當年度在某一行業營運獲利的金額依序排列，金額最高者排在最上面，最低者排在最下面，這張表將會告訴你在所選的這些公司中，哪家公司的獲利最大。該表的另一用途顯示這些公司的總盈餘。不過這類一覽表不見得能讓你知道哪家公司最賺錢。為了找出這個答案，不妨求助於各種比率方法。

利潤率比率

在損益表上，可以用利潤率來分析一家公司的獲利能力，計算方法是：獲利除以銷貨收入，然後以百分比呈現兩者相除的結果。算式如下：

$$利潤率（\%）＝ 100 \times（獲利 \div 銷貨收入）$$

毛利率

研究損益表時，通常第一個出現的獲利是毛利，就是由當年度的銷貨收入扣除銷售成本。在正常情況下可以放心的假設，銷售成本包括供應商提供的所有直接原料及勞務、直接的員工薪酬（employee remuneration），以及所有直接的經常費（overhead），不過閱讀附註也很重要，因為它會提供出現在損益表上數字的額外細節。

不幸的是，迄今為止，各公司說明重要資訊的方式很少真

正有一致性。舉例來說，有些公司在計算毛利時扣除所有內部
員工的薪酬，有些則沒這樣做。在分析好幾家公司時，可能須
對帳目所提供的數字做多次調整，然後才能相信，獲利率真的
可以比較。算式如下：

$$毛利率（\%）＝ 100 \times （毛利 \div 銷貨收入）$$

毛利率通常是企業基本獲利能力的合理指標，且在比較各
公司在同一行業的營業績效時非常有幫助。當一家公司的毛利
率水準與其他同業截然不同，就值得探究箇中原因。可能有許
多因素導致毛利率變化。例如，公司的毛利率會受到其行銷產
品或勞務變動的影響，也會直接受漲、降價的影響。生產效率
或原料採購的變動，當然會影響銷售成本，連帶也會影響毛利
率。第二章也討論到，存貨估價錯誤也會扭曲盈餘，進而影響
毛利率的正確性。

營業利益率

在損益表上，緊接在毛利之後通常是營業利益，舉凡公司
所有費用，包括經銷、行政管理、研究發展，以及一般經常性
費用。

須注意的是，在處理與合資企業及關聯企業有關的營業額
及獲利時，要確保具有一致性。假如使用總營業額數字，那麼
總營業利益（包括合資及關聯企業的獲利部分）也應該相吻
合。

營業利益率可用以評估一家公司的獲利能力。營業利益的

算法是，把銷售商品或勞務的收入減掉所有生產及供應成本，但不計入銀行貸款的利息繳付等融資成本，或銀行存款利息等投資收入。營業利益率的算式：

營業利益率（％）＝ 100 ×（營業利益 ÷ 銷貨收入）

假如一家公司的毛利率維持正常水準，但營業利益率卻持續下滑，就值得調查箇中緣由。可能的解釋是，採購及基本成本的控管很有效率，但經常費的控管很差，也就是說，一般經常費不斷增加，但對銷貨收入沒有實質幫助。

此時，應參閱損益表上的附註，會提供銷貨收入及營業利益等數字的詳細說明。誠如在第三章所提到，這些附註提供一個有用的資訊來源，說明公司的營收來自何處，加以連結後，就能得知每個事業部門及營業地區的獲利水準。

因為在附註中可以看到前一年的比較數字，不僅可在某個產業、也可在公司營運的各種地區找出營業利益的變動情況。通常也可以與其他在相同產業及地區有營運的公司做比較。

稅前利潤率

損益表再往下閱讀，下一步是從營業利益扣除剩餘支出與費用，得出該年的稅前獲利。計算稅前利潤率時，在扣減稅項及股利以外的所有營業成本及費用後，就能顯示出公司當年度的獲利能力。其算式如下：

稅前利潤率（％）＝ 100 ×（稅前獲利 ÷ 銷貨收入）

一家公司維持穩定的營業利益率，但稅前利潤率卻不斷下滑，可能是支付了募集投資資金的利息，但此時這項投資尚未轉化成為降低的成本或增加的營收。要扣掉利息費用才能算出稅前獲利，但為投資而募集的資金尚未帶來任何收益。

稅後盈餘及保留盈餘率

從損益表上可以計算稅後利潤率以及保留的盈餘率，但這項比率對整體評估公司的獲利能力，並未提供額外助益。

效率比

分析公司獲利能力的下一步是綜合損益表及資產負債表的資訊，以便計算該公司如何有效使用其資產或資本。

單位：美元	A	B	C
營收	100	100	100
獲利	20	20	27
資產	100	125	150

例如，A和B有20%的獲利率，C有27%的獲利率，在這個計算基礎上，C似乎是最賺錢的公司，而且A及B顯然不相上下。但用下面所說的比率方法，可以得到更詳細的分析。

資產或資本報酬率

將損益表上的獲利除以資產負債表上所列的資產或資本，就可以算出資產或資本的報酬率，而且是以百分比呈現：

資產總報酬率（％）＝ 100 ×（盈餘 ÷ 資產）

資本總報酬率（％）＝ 100 ×（盈餘 ÷ 資本）

假如依此比率計算，那麼上述三公司的資產報酬率應為：

A	B	C
20%	16%	18%

　　C公司的獲利率最高，但它的資產投資也比A和B多。A公司與B公司的獲利率相同，但其利用的資產較少，因此報酬率較高。把該業務所使用的資產與其所產生的獲利連結起來，用這種方法衡量獲利能力，會比光用利潤率的算法，更符合實際情況。A公司的資產報酬率為20％，是三家公司最會賺錢者。

哪種獲利？什麼資產？

　　在處理獲利能力比時，最重要的是要有以下認識：計算報酬率時沒有單一的方法，而且相同的名詞可能用以指涉截然不同的事情。資產報酬率（ROA）可能是用毛利、營業利益、稅前或稅後盈餘算出來的。使用毛利來計算報酬率，並不常見，但對許多公司來說，要做為績效及產業的比較基礎，沒有理由不這麼做。

要用哪一種獲利算法？

　　就像所有學科一樣，財務分析容易受到時尚與風氣影響。某種比率被採用、一下子聲名大噪、然後江河日下，最後被取而代之。如今公司比較偏好使用的獲利計算法是「稅前息前折

舊攤銷前獲利」（EBITDA）。有人認爲，這種計算法去除了所有雜項，凸顯某個業務的「眞正」獲利能力，而且不受資本結構、稅制或折舊政策影響而有所偏頗，可用以得出每股稅前息前折舊攤銷前獲利盈餘數字。

所謂財務分析的「聖杯」，就是要找出一個簡單好用的公司績效計算方法。稅前息前折舊攤銷前獲利固然是詳盡分析公司的一個有用方法，但其號稱的完美裡存在很多缺點。稅前息前折舊攤銷前獲利忽略了一項使用非流動資產的成本，而這理所當然是一項營運成本。以稅前息前折舊攤銷前獲利做爲計算獲利能力的方法，與損益表上的獲利還相距甚遠，因此，此方法忽略的不僅是這些非流動資產的折舊，還有其利息和稅項。可能出現的情況是，公司借很多錢大量投資非流動資產卻出現稅後虧損，但以稅前息前折舊攤銷前獲利做爲檢視基準，營運可能看起來相當健康。

無論選擇哪種獲利數字，最終結果都是要算出資產投資報酬率，但每種獲利所產生的報酬率水準將各不相同。對所有比率法而言，分母都維持常數，只是分子不同而已。在使用預先算好的報酬率數字前，務必得先查明是使用哪一種獲利所得出的比率。

在選擇資產報酬率的比率分母時，也會發生類似問題。非常可能是以總資產、營運或淨資產爲準。無論是使用哪些數字，皆能正確呈現出公司的資產報酬率。假如前例的三家公司，使用的獲利與資產定義各不相同，比較三者的報酬率，將不具任何實益。基於這個原因，年度報告或分析師都不應以面

值計算報酬率。

簡言之，在計算比較報酬率時，最重要的是切記等式中分子與分母須有一致性，換言之，要確定每家公司的資產報酬率是以相同方法算出來的。

把資產加以平均

一旦以資產負債表的資產或資本額評估公司績效時，馬上就會碰上一個問題。資產負債表的數字是一家公司在會計年度結束時的財務樣貌；損益表是公司在整個會計年度創造營收與獲利能力的報告。損益表是動態的，涵蓋一整年；相形之下，資產負債表是靜態的，只能顯示出公司在會計年度結束時的財務狀況。年度結束時，將當年度損益表所列的保留盈餘登載在資產負債表上。在當年度投資營業資產所籌措的資金，即使是在本年度的最後幾天辦理，都須在資產負債表上登記為一項資金來源和一項資產。若以報酬率來看，損益表與資產負債表的帳目兜不起來。

為解決此問題，最常用的計算報酬率方法是採用資產或資本的平均值，這顯然會產生一個較精確的比率，但一般人可能認為不值得投入這麼多時間與心力。此外，可能也很難得到所需要的前幾年資料。

另一種情況是，當一家公司在本年度經歷重大改變，例如，這家公司可能已籌措到資金或進行一項重大收購，或是處分資產等。就需要更詳細的分析，或許需要將資產與資本加以平均，或適當調整數字。

總資產報酬率

　　總資產報酬率（ROTA）是在分析公司獲利能力時的一個有用比率。資產負債表所列的總資產，代表公司在當年度用以創造損益表上所列盈餘的實體及金融資源的總金額。

　　不管資產是用何種方法籌措（例如：股東的資金、舉債或是短期借貸），抑或不管總資本與債務如何運用（用於非流動資產、投資、無形資產，或是流動資產），總資產代表一家公司可用以經營其事業的總資源。因此可用來檢視公司在動用總資產後的獲利能力。以總資產做爲分母，很難做眞正的比較，因爲各公司爲自己事業籌措資金的方法各不相同。

　　總資產報酬率（％）＝100×（息前稅前盈餘÷總資產）

　　在運用總資產時，分子應該是息前稅前獲利（PITP）或息前稅前盈餘（EBIT），這是要在扣除資產融資的利息支付成本之前，找到眞正的資產報酬率。依同樣邏輯，從金融投資（計爲總資產的一部分）獲得的利息或收入，也要計爲獲利。

有形總資產報酬率

　　無形資產的價值向來被認爲比有形資產更難確定，因此可以這麼說，在計算公司的報酬率時，應該只考慮運用的有形資產。爲了求得決定有形總資產報酬率（ROTTA）的有形資產數字，可以總資產扣除資產負債表非流動資產欄上記載的無形資產。

（淨）營業資產的報酬率

　　為進一步實際使用年度報告中的各部門業務資料，值得去計算營業資產報酬率（ROOA）或淨營業資產報酬率（RONOA）。營業利益數字可以直接取自損益表，或從每個事業單位的附註拿到。它代表公司在考量所有一般業務成本和費用後的息前稅前獲利。

淨營業資產

　　營業資產淨額是公司用以支持經營一項業務的資產，透過短期債權人提供短期資產的資金。

　　有些公司的資產負債表，都會另列一欄總資產減流動負債（參閱第二章）的數值。這種做法是假定以流動負債做為流動資產的資金。非流動資產加進（或扣除）淨流動資產（或負債），就是企業使用的總長期資本及債務。然後以這項數字為分母，衡量淨營業資產的報酬率。

淨營業資產＝營業非流動資產＋淨流動營業資產

淨流動營業資產

　　要求得淨流動營業資產的數值，流動資產裡的現金和短期投資須加以排除，就像流動負債裡排除了短期借貸或債務清償一樣，因為這些項目是金融資產而非營業資產。這樣做的目的在排除金融資產或負債，以及相關的收益或費用後，顯示這項業務的獲利能力。

營業非流動資產

　　在資產負債表的非流動資產欄內，有形資產以其帳面價值顯示——通常是成本減去累計折舊（accumulated depreciation）。無形資產和投資則另外登載其金額。無形資產是包含在營業非流動資產內，不過因為營業利益並未計入利息或其他非營業項目，因此列在非流動資產項目的任何投資，理論上都應被扣除。在實務上，做這類調整所產生的問題，通常和解決的問題一樣多。在不能肯定時，務必讓這項分析方法保持簡單而且能夠前後一致。

淨營業資產等於淨營業用資本

　　公司的淨營業資產（NOA）等於淨營業用資本（NOCE）。

營業非流動資產	權益
庫存＋應收款項	長期借貸與債權人
減應付款項	減非流動資產投資＋／－現金淨餘額
淨營業資產＝	淨營業用資本

淨營業資產報酬率明細表（RONOA）

　　假如是採用至少兩年的數字計算淨營業資產報酬率，可能要在各業務部門的附註欄找尋營業資產資訊。這個附註欄量化了每個事業部門及地區的投資資料。這項分析提供若干指標，有助於了解公司是如何在每一部門有效運用可得的營業資產。不僅可與其他公司做比較，而且可以發展一些參考基準。

股東的報酬

　　至目前為止所談的報酬率，一直偏重於衡量公司資產創造獲利的營業項目。股東是公司股份的主要持有人，他們是公司的所有權人，而且是認為可以獲得某些利益或報酬才會把錢投資公司。他們想從投資中獲利。

　　股東們應利用本章所說的獲利能力比率，來監督公司的績效，並與他們投資組合中的其他公司或產業的平均值做比較。

　　稅後盈餘則是用來評估股東報酬的方法，公司在支付所有成本、費用及稅款，並在盈餘中提撥了少數股東權益，剩下通常是可分配給股東的盈餘，吾人稱之為利潤歸於股東，也就是發放股利。稅後盈餘可發放為股利，也可以保留做為未來成長與發展的資金。

　　稅後資產報酬率對了解公司過去業績非常有用，但若用在與其他公司做比較，則較不具實用價值。由於每家公司有其特殊的納稅情況──例如，某家公司可能擁有永久物業權，而另一家公司則有租貸物業，或是他們可能在不同國家有營運事業，除了稅前盈餘比率外，很難對公司的績效下肯定的結論。雖然稅後獲利做為比較公司間績效依據，較不具舉足輕重的影響力，但對每個股東卻是至關重要，因為它代表管理階層經營公司一整年的最終結果。

　　要用資產負債表中的哪個數字來代表股東持股或是其在業務的投資，比較令人傷腦筋。在大多數的資產負債表裡，股東的總資金被化為股權呈現出來，優先股或其他無投票權的資

本，經常可從股權數字看出。嚴格來說，這些應在計算股東報
酬時加以移除，因爲股東應包括普通股的股東（公司的所有權
人），而非其他長期融資與資本的提供者。

　　關於股東資金有好幾種不同的名稱：

淨資產＝總資產－（流動負債＋債務）
可用資本＝淨資產
權益＝可用資本
權益＝可用資本＝淨資產

　　一旦確認股東的投資後，就可利用稅後盈餘算出一個適當
的報酬率，這種報酬率有如下定義：

- 資本報酬率（ROC）
- 可用資本報酬率（ROCE）
- 股東資金報酬率（ROSF）
- 股東權益報酬率（ROE）
- 投資報酬率（ROI）
- 淨資產報酬率（RONA）

每股盈餘

　　投資人經常把每股盈餘（EPS）當作評估公司整體獲利能
力的量尺，每股盈餘通常可列於損益表項目下面（參閱第三
章），每股盈餘與許多出現在年度報告的資料一樣，須謹慎檢
視其形成過程。

每股盈餘的基本算式是：

每股盈餘＝稅後盈餘 ÷ 發行股數

每股盈餘實際上是將獲利與每1股做連結，假如你持有公司1股，這家公司今年爲你賺了多少錢（不一定會發放股利）？在定義股東們真正拿到的收益以及如何定義1「股」時，勢必會出現許多問題。國際會計準則第33號（類似財務會計準則第128號）規定每股盈餘的計算方法以及每股盈餘比率的表達方式。當年度的盈餘被定義爲稅後獲利（扣除少數股東權益及優先股股利），而當年度已發行的股數，則被定義爲加權平均的權益股數（或約當普通股數）。在有發行未繳足股本的股票，計算每股盈餘要以數量相同的繳足股來算；若公司有庫藏股，須從計算每股盈餘的分母中扣除。

把年度開始的已發行權益股數與年度結束時的股數相加，再除以二，就會得出加權平均值，但加權的時間點可能要準確一些。例如，公司在1月1日有1,000股已發行的普通股，在6月1日發行250股已繳足股，到了12月31日，已發行的股數就有1,250股。

加權平均股數 $= 1,000 + (250 \times 7/12) = 1,146$ 股

稀釋因素

在此提供兩種每股盈餘數字，基本每股盈餘（Basic EPS）的算法如上述，而稀釋每股盈餘（Diluted EPS）的算法是利用相同的淨利，但假設所有可轉換證券都已轉換成股票，而且所

有選擇權（option）與權證（warrant）都已被執行。當一筆貸款轉換成股票，就可以不必支付利息。稅後盈餘增加，稀釋每股盈餘算法所使用的股數，也跟著水漲船高。稀釋每股盈餘數值通常比基本每股盈餘低，兩者的分子與分母都將顯示在財報的附註上。

選擇權和權證

1股選擇權賦予持有人一種權利（而非義務），可在某特定期間以議定的價格取得股票。選擇權可以發給員工（見第三章），假如股價漲逾選擇權的價格，有利於員工執行其選擇權（員工就能賺到錢）；反之，如果股價跌低於選擇權的價格（就沒賺頭），而且員工也沒義務執行選擇權。國際財務報告準則第2號要求以股票為給付方案的基礎，有時候公司為籌措財源，就在公司債附上權證做為誘因，使持有人可以按約定的價格買股票，權證有「可分離」（可與公司債分開，單獨在自由市場交易）或「不可分離」（不可與公司債分開，兩者須同時流通轉讓）之分。

稅後盈餘500美元的公司，擁有1,000股已發行股票，每股現值5美元。該公司給予員工選擇權，以每股4美元的執行價格認購200股。假如選擇權全數被認購，該公司就會拿到800美元。假如它把這些股票賣到市場，將只需發行160股（每股5美元共800美元）。如果這些選擇權全部填滿，實際上它將免費發行40股（在每股盈餘算法中的稀釋元素），在計算稀釋每股盈餘時，須把這個因素考慮進去。

基本每股盈餘＝ 500 美元 ÷ 1000 ＝ 0.5 美元

稀釋每股盈餘＝ 500 美元 ÷（1000 ＋ 40）＝ 0.48 美元。

在計算稀釋每股盈餘時，員工的股票選擇權是從發放日起算，這對求得完全稀釋每股盈餘（fully diluted EPS）數值非常重要。

賣權（put option）是選擇權持有人擁有讓公司以特定價格買回股票的權利。

根據每股盈餘比較獲利能力

如果你認為可以根據每股盈餘比較公司的獲利能力，可就大錯特錯。光是股本結構（share capital structure）的差異，就會造成每股盈餘的不同。兩家公司的稅後盈餘可能同為100美元，股本同為1,000美元，但假如一家公司發行的股票為每股25美分，另一家公司為每股1美元，每股獲利可能截然不同：分別是12.5美分及50美分。

現金增資

發放紅利股或完成現金增資，之前的每股盈餘都得重新計算，才能在這段期間做比較。發放紅利股是上市公司按持股比例配發新股給現有股東，不必支付現金。在2008年，由於金融危機之故，多家公司完成（或試圖進行）現金增資，以提高其負債權益比（debt/equity ratio）。假定現有股東們對公司的看法是正面的，公司就容易與股東溝通，因此可以使用較不花錢的增資工具。

　　股東如何知道公司的現金增資計畫是否可行？這必須視發行的新股股數而定。例如一家公司發行了1,000股，每股市價5美元，股東每持有4股，有權可以每股3.5美元購買1股新股（共250股），增資後的股票價值為：

$$（1,000 \times 5 美元）＋（250 \times 3.5 美元）＝ 5,875 美元$$
$$5,875 美元 \div 1,250 ＝ 4.7 美元$$

　　理論上，增資股的價值為每股4.7美元，發行愈多價格可能就愈低，但對股東來說可能甚具吸引力，因為比目前的股價5美元低。

謬誤的結論

　　比較兩家公司的每股盈餘後，不可能因此得出有用的結論，此一認知甚為重要。

	A	B
稅後獲利（美元）	100	100
股本（美元）	100	100
股數	1000	200
每股盈餘	0.1	0.5

　　這兩家公司的稅後盈餘及股本金額皆相同，A公司發行1,000股，每股10美分；B公司發行200股，每股50美分。若光看每股盈餘數字，就以為B公司比較會賺錢或是績效比A公司好，那可就大錯特錯了。因為股本結構不同，兩公司的每股盈餘也就不一樣。

有用的結論

比較兩公司每股盈餘的唯一有效方法，是使用複合成長率（compound growth rate）。檢視過去幾年的成長率，才能比較兩公司改善獲利的能力。

股利覆蓋率

得出當年度的稅後盈餘數字後，董事會的下一步決定欲發放給股東的股利，但在股東大會投票表決董事會的提案後，最後的股利才會落入眾股東之手，股東會拒絕股利的情況並不常見。所有大公司都應有一項清楚的股利發放及股利率政策。董事會的報告也可能會解釋這項政策。

計算股利覆蓋率（Dividend cover），在某種程度上可用以評估公司股利政策的安全性。

股利覆蓋率＝稅後盈餘 ÷ 發放的股利

公司從2萬美元的稅後盈餘中發放1萬美元的股利，股利覆蓋率為2。也就是說，每2美元的稅後盈餘中，會有1美元股利會發放給股東；用50%的盈餘支付為股利。以淨營業現金流量的數字（可在現金流量表上找到）取代稅後盈餘的數字，做為這項比率的分子，此方法可能很管用：

現金流量股利覆蓋率＝營業現金流動 ÷ 發放的股利

在現金流量表的資金活動欄，可以找到發放股東股利所支應的現金。有關營業現金流量如何完善支應股利發放的問

題，股利覆蓋率剛好能提供正確答案。它還能更精確評估發放股利給股東的安全性。股利覆蓋率愈低，股東未來的收益流（income stream）就愈令人憂心忡忡。

注意差距

假如每股盈餘減去每股股利，等於年度每股保留盈餘（per share retained earnings）。現金流量表會提供類似的算法：

每股盈餘－每股股利＝每股保留盈餘，或是
每股淨營業現金流量－每股現金股利＝每股保留現金流量

每股保留盈餘是評估一家公司財務績效及財務狀況的重要元素。對任何公司而言，目前經營的業務（current operation，損益與現金流量表），是資金持續流入的重要來源。健康且堅實的保留盈餘水準，是一項重要指標，意謂著公司能由內部產生必要財源，用以再投資營運業務，不必向外借錢。

基本上年度報告包含過去五年或十年的紀錄，列出公司每年的每股盈餘與每股股利，因此值得將這兩個欄位的數字放在一起比較，檢視兩者的關係。每股盈餘與每股股利的差距，可顯示公司每年創造的盈餘中有多少被投入未來業務發展，投入的金額愈大，對公司愈有利。淨營業現金流量也適用此一分析方法。沒有保留盈餘或保留盈餘很少的公司，將來想進行大型投資計畫或從事重大業務時，勢必得向股東或外面融資，以募集資金。

參考基準

公司不以年度稅後盈餘支付股利的情況十分罕見，否則就違反了本章開宗明義所談到的資本保全（capital maintenance）規定。當股利覆蓋率的比率為1比1時，顯示公司把所有盈餘分配給股東，沒有保留一毛錢支應未來的營業發展，這種做法被視為是保守股利政策的極限；公司以1比1的股利覆蓋率營運，當然不尋常，但也非不能接受。

$$股利覆蓋率＝稅後盈餘 \div 股利$$
$$＝每股盈餘 \div 每股股利$$

股利政治

在大多數國家，企業的獲利下滑，股利也會跟著減少，此乃資金管理的常識。在1990年代的英國，顯然並未遵循這項法則。在這段期間經濟衰退，許多公司的股利率跟著盈餘減少而迅速下滑，但發放的股利卻維持不變。

此種情況至少有兩種可能的解釋，一種可能是，公司董事會以長期考量決定股東應該拿到的適當股利，認為多年來公司營運過程中難免有獲利的高低潮，股利覆蓋率的短期波動是可以接受的，因而長期定期且保障股東股利的發放。另一種可能是，公司董事會，尤其是董事會及執行長擔心，如果無法支付一定水準的股利給他們的大股東（機構投資人），公司股價會下跌，而他們的飯碗可能不保。機構投資人股東多仰賴其投資所得的股利來支撐本身的業務。

　　公司的管理階層若未能發放一定水準的股利,非常可能成為眾矢之的,遭到公開點名批判。然而,若持續發放股利只為維持股東生計,而非為公司長期最佳利益著想,多半會讓家族企業的董事會面臨沈重的壓力。在2007年開始的信用危機,許多公司減少或停止發放股利,對通常依賴股利為固定與安全收益來源的金融機構而言,無異是雪上加霜。

杜邦金字塔比率

　　用報酬率來評量公司獲利能力和績效,是最普遍有效的方法。假如人們只能選擇一項評估公司績效的工具,大多數會選報酬率。但光是採用當年度的盈餘做為公司可用資產或資金比率,那是相當草率或粗淺的評量公司獲利能力的做法。通常損益表上的一個數字會與資產負債表上的某個特定數字有關,如果用這種方法比較兩公司的情況,而兩公司的報酬率也差不多時,會出現什麼結果呢?

	A	B
銷貨收入(美元)	300	100
盈餘(美元)	25	40
資產(美元)	125	200
資產報酬率(%)	20	20

　　上例中A、B兩公司均擁有20%的資產報酬率。

　　要了解公司的獲利能力以及如何創造獲利,不妨考慮採用杜邦法(Du Pont approach),此乃因杜邦率先使用而得名,有時也稱之為金字塔比率法(pyramid of ratio),因為所有比率都

以金字塔方式呈現，而報酬率位於金字塔的頂端。

以盈餘與現金流量評量報酬率

在評估一家公司的報酬率時，須處理兩項問題。第一是公司創造營業利益的能力，第二是公司利用其可用資產與資本創造獲利的效率。

在下列所有比率中，現金流量表的淨營業現金流量可以替代獲利。這提供了評估公司的現金生產能力，而且是獲利率分析的一項有用補充方法。

善用獲利率

要回答第一個關於公司的營業利益水準問題，獲利率（profit margin）是一個適當且容易辨識的評估方法。計算上例中兩家公司的獲利率，其結果是：A公司的獲利率為8.3%，B公司則高達40%，顯然B公司的獲利率是A公司的五倍，因此獲利能力較強。

採用資產或資本周轉率

資產或資本周轉率（asset or capital turn）是一項新評量方法，必須找出這種周轉率才能回答第二項問題，以了解公司使用資產或資本的效率。公司保有資產的理由只有一個，就是支援營運，協助創造目前與未來的獲利。就會計觀點來看，這個想法成功之處在於可透過銷貨收入的水準，來評量可用資產在營業中創造的銷貨收入，若收入愈高，這些資產的有效利用率就愈高。

$$資產周轉率＝銷貨收入 \div 資產$$
$$資本周轉率＝銷貨收入 \div 資本$$

　　假如套用此公式計算上例兩公司的情況，便可看出兩家公司運用資產創造銷貨收入的能力差異極大。

$$A \quad 300美元 \div 125美元 = 2.4$$
$$B \quad 100美元 \div 200美元 = 0.5$$

　　A公司每年運用公司資產周轉達2.4次，B公司每兩年使用資產周轉一次。A公司具備將每1美元資產變成2.4美元銷貨收入的能力，相形之下，B公司每1美元資產僅創造0.5美元的銷貨收入。如果這兩家公司中，一家為零售商、另一家為大型產品製造商，兩者比較就沒有意義；然而，假如兩家公司都屬同一行業，則透過進一步分析可評估雙方的業績與獲利率，並說明其間的差異性。

將兩者放在一起比較

　　現在可以將兩家公司擺在一起並檢視其差異，透過這些分析評估，兩家同樣擁有20%報酬率的公司，是透過不同方式達成同一績效，A公司的獲利率較低，但資產周轉率較高。若把這兩項比率放在一起，則可清楚看到報酬率的計算過程：

$$資產報酬率＝獲利率 \times 資產周轉率$$
$$A公司 \quad 8.3\% \times 2.4 = 20\%$$
$$B公司 \quad 40\% \times 0.5 = 20\%$$

現在畫一張圖表

綜合獲利率和資產周轉率後所得到的資產報酬率，可用圖表顯示，或以金字塔比率呈現。有關支持公司獲利率及資產周轉率的使用，將於第七章討論。

圖6.1所顯示的報酬率綜合了這兩種比率，成為評估與比較公司績效的有用基礎。算出公司的總報酬率很重要，最好用幾年的數字來計算以及直接與其他公司做比較。嘗試找出公司如何達成獲利水準也很重要，而獲利率及資產報酬率的關係為何？是否具一致性？如果沒有？變動的原因是什麼？

圖6.1　資產報酬率

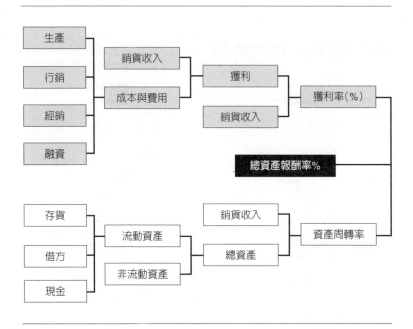

採用比率

可將這兩項比率的關係視爲一個蹺蹺板，一端是獲利率、另一端是資產周轉率（見下一頁的圖表6.2）。在此例中，B公司的獲利率比A公司高，但B公司的資產周轉率則較A公司低。

雖然兩家公司的報酬率均爲20%，但這是用兩項不同比率算出來的結果。想要提升其報酬率的公司，只要調整這兩項比率或調整其中一項即可。公司能否透過成本效率、提高價格，或是雙管齊下來改善獲利率？能否以同樣或更少資產提高創造銷貨收入的能力（例如透過降低存貨水準）？或是在不傷害資產周轉率的情況下，以較低的投資成本來提高銷貨收入？

圖6.2　資產周轉率／獲利率的蹺蹺板

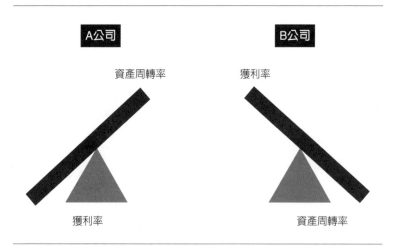

　　公司若只注重其中一項比率而想改善報酬率，很可能陷入困境。以實際情況爲例，便可說明相關的問題。假設某一行業的平均資產報酬率爲20%（獲利率10%和資產周轉率2.0），在此行業獲利排名最後的X公司決定改善其績效。因此進行一項小投資以增加產能，而且爲衝高銷售量而減少獲利率。

（美元）	平均	X公司 第一年	第二年	第三年	第四年
銷貨收入	1,000	800	825	850	850
營業利益	100	60	52	48	44
總資產	500	600	650	650	650
獲利率（%）	10.0	7.5	6.3	6.6	5.2
資產周轉率	2.0	1.3	1.3	1.3	1.3
總資產報酬率（%）	20.0	10.0	8.0	7.4	6.8

　　簡單一點的方法是降低價格，獲利率跟著由7.5%降至5.2%，雖然蹺蹺板的一端已被壓下去，但若另一端卻沒有起來，而且增加的銷售未如預期，此時會出現獲利率下滑的結果，假如資產周轉率維持在1.3，獲利率爲5.2%，第四年的總資產報酬率就會跌低於7%。要維持最初10%的總資產報酬率，那麼獲利率須在7.6%（7.6%×1.3＝10%），或是資產周轉率爲1.9（5.2%×1.9）。

排名表

　　計算出一組公司的獲利率、資產周轉率，以及總報酬率，即可得出一張排名表（League tables）。首先，可按照報酬率排名，在大多數的情況下，有形資產報酬率是最有效的評量基準，而且這項排名可凸顯此行業中最會賺錢的公司。

參考基準

　　有形資產報酬率的排名表有助於決定哪些報酬率可做為公司在某一特定行業中可接受或預期的報酬率。排名表的中間點是該行業平均或中間報酬率指標，因而得出一個比較基準，藉此可以找出報酬率高於平均值的公司，當然也能看出落後的公司。如果排名表中使用的資料為三年以上的數據，即可從表中看出各公司目前排名的變動趨勢。

更深入了解

　　依獲利率及資產周轉率兩項指標，另行準備一份排名表，有助於解讀有形資產報酬率的排名。這兩項比率也有助於更深入了解各公司創造總報酬率的方法。但蹺蹺板傾斜的方向對了嗎？

　　一般認為，食品零售商的獲利率比其他形態的零售業者低，但資產周轉率則相對較高。折扣零售商的營運是以低價（低獲利率）為基礎，帶來更多銷售及高資產周轉率：「堆得很高，賣得便宜。」在有形資產報酬率排名裡，折扣零售商的

資產周轉率一如預期名列前茅，但獲利率則吊車尾。同理，某公司生產一項簡單且一成不變的產品，例如螺帽及螺栓，也許能以優良的客戶服務及品質而抬高價格，但由於其他形式的產品很難區分其差異化，可能以低獲利率營運。

　　一家走質感路線的百貨公司，也許可以訂定高價以達成不錯的獲利率，但也將會發現有必要提供客戶令人愉悅的環境，諸如地毯、寬敞的走道，以及電扶梯，不過這些都需要資產投資，因而減少了資產周轉率。優良產品的製造商也許能有高獲利率，但也需投資必要的機器及廠房設施，才能生產好的產品。

　　公司的報酬率也許可以從其訂價政策、內部效率，或是資產利用程度來看待。同樣地，也有人主張報酬率是直接依賴公司財務管理的品質。假如主要資產不是購買而是租來的，或是引進及時存貨控管，資產周轉率就會改善。雖然一項因素在某段時間內比其他因素更重要，但若單獨以這個因素「解釋」報酬率是相當危險的事。蹺蹺板的兩端應個別分開檢視，但也應被視為與報酬率有直接且密不可分的關係。

同期銷售比

　　企業界經常使用自己的指數編製排名表，但可能會被錯當成一項獲利能力的評估。零售業相當注重同期銷售成長比，做為評量營運績效的一項指標。目標是提出一個年比銷售成長評量，而不致被在本年開張店面的銷售所扭曲（這些銷售被排除在年比銷售的算法之外）。其理論是，這種計算法能真正顯示

基本營收（underlying revenue）成長，從而提供一項績效比較評量。

　　零售業績分析相當注重巔峰銷售季過後不久的同期銷售比（Like-for-like sales）——數字愈高，公司的分數與排名就愈好。但太過注意這類分析是不智的，從而假定這種分析與獲利能力有關，肯定是大錯特錯，賠本出售商品的公司，其同期銷售成長數字可能比勉力維持或提高獲利率的公司還要高。

　　從公司內部來看，同期銷售比可能非常有利於管理階層。假若以一致性的方法計算，就能顯示出這家公司及其個別部門逐期的績效。然而，兩家公司就是不可能以同一方法算出這個比率，因此在使用同期比做為比較基礎時要格外小心。一旦公司明白其重要性，分析師馬上就會竭盡所能弄出一個特別評量方法，以產生正確的數字。

附加價值表

　　有些公司在年度報告中提供附加價值表（Value-added statement），附加價值是由銷貨收入或所得減去因供應商的商品及服務所產生的全部成本與費用，其差額就是公司在提供的產品及服務所附加的價值。

附加價值＝銷貨收入－採購或服務

　　如果年度報告的資料很充分，不妨準備一份簡單的附加價值表，以強化本章前面探討的比率分析。在計算出本年度的附

加價值總金額後，下一步就是這項資料如何分給公司內部與外部的利益團體。假設銷貨收入為100，或是100%，則分配比例顯示如下：

銷貨收入		100
供應商	50	
員工	20	
利息	5	
稅金	5	
股東	5	85
保留盈餘		15

用這種方式呈現收益與支出，仍是許多公司最愛用來對員工解釋年度報告中複雜財務資訊的方法。如今附加價值表已證明它是與員工溝通財務資訊的有效且實際的有用方法，使他們不再覺得年度報告難以理解。

附加價值表可用直條圖或圓形圖顯示，圓形圖能有效代表1美元或1英鎊硬幣，並顯示公司當年度每一單位的收益或銷貨收入的分配情況，例如：供應商、員工、股東及政府所分配比例的多寡，以及顯示保留盈餘在當年度結束時有多少用於再投資。

略掉盈餘字眼

損益表上所陳列的所有數字都可併入附加價值表中，例如，當年度的盈餘數字就可以列入附加價值表，而不用列入登載的五、六年資料的一般損益表。公司經常發現，一旦他們提供員工已公布的損益表，最先出現的問題是，過去五、六年的

資料，有哪些應用來做為評量獲利能力的基準，以及做為薪資談判的依據。的確，盈餘這個字眼不須出現在附加價值表上。在扣除所有利益團體所分得的加值股份後，剩餘的部分（亦即保留盈餘）僅以「再投資保留金」簡單帶過。

　　假如附加價值表是為同一行業的許多公司編製，可做為比較及發展評估基準之用。

摘要

- 獲利與獲利能力是兩回事。
- 獲利能力僅能以盈餘結合損益、資產負債表或年度報告其他資料中至少一項數字的比率，加以評量。
- 編製同業間各公司獲利能力的排名表，容易了解各公司與參考基準中位數的差距。
- 切勿只依賴一年的數據，應比較三至五年的數據，從中找出年度間重大變化的原因。
- 在同一行業比較各公司績效的最有效起點是運用毛利率，可顯示扣除所有直接營業成本及費用後的公司獲利能力水準。從事同一行業的公司，預料其毛利會有共通之處。
- 無論使用哪種盈餘數字，舉凡所有「一次性」盈餘或虧損都須去除。公司持續且保持一定水準的營業利益，是評量獲利能力的依據。
- 公司應避免用自己的獲利能力指數，諸如息前稅前折舊攤銷前的獲利。公司可隨意選擇如何計算及呈現一項比率，

但應詳細解釋未使用一般公認會計準則的原因。

- 為提供全面的獲利能力評估，須確定公司如何有效運用資產創造盈餘，如果只用一個比率作為評估基準，則應以報酬率為基準。總資產報酬率（息前稅前盈餘除以總資產，並以百分比呈現）是最好的基準。從典型的年度報告中即可取得計算所需的數字，這個數字不會因財務結構形態不同而改變，因此可直接用以比較公司之間的情況，其盈餘並未扣除財務費用，且計算分母也不受資產融資方式的影響。若是被比較的公司在不同國家營業，特別建議要採用總資產報酬率，因為這個方法可以解決取得比較數據的問題。

- 要更深入了解一家公司，可透過該公司的資產周轉率及毛利率來檢視報酬率。

- 切記，淨資產報酬率和總資產報酬率均不受公司財務結構的影響。資本結構不同的兩公司，可以直接比較他們運用資產創造盈餘的能力。

- 年度報告中的部門分類報告，提供珍貴的輔助資料來源，有助於評估公司的獲利績效以及評估各部門業務結餘變動的趨勢。部門的資料通常顯示在營業利益及營業資產項下，可用以計算各個業務及地區營業資產的報酬率。

- 股東顯然對公司的獲利能力感興趣，但會較注重稅後盈餘和發放股利的金額。對股東來說，每股盈餘是重要的評估標準。其計算方式是：將做過某些調整後的稅後盈餘，除以加權後的股票平均發行股數。

- 股東和分析師對發放股利後所剩的盈餘（可供投資用的保留盈餘）甚感興趣，這是公司對營運自我融資的重要指標。在滿足股東的股利要求後，公司再投資業務的錢愈多，當然愈好。

- 另一個令人感興趣的是股利覆蓋率，也就是盈餘金額是股利發放金額的倍數。假如所計算的比率涵蓋好幾年的數字，就能更加了解公司的股利政策，以及在某特定年度的營運績效。

第七章

經營效率評估

公司的效率可定義爲產品或服務的產出與所需投入資源間的關係，把公司的效率量化爲產出投入比率，可用以比較企業之間的效率差異。有效利用公司的人力、資產及財務資源，是經營者的主要職責。本章中將探討各種衡量、評估及比較企業資源運用效率的方式。

各公司的實際效率管理屬內部作業問題，主要爲管理會計（management accounting）而非財務會計及對外報告的問題，與公司內部管理系統有關的資訊通常不提供給外人。

人力資源管理

企業年度報告的附註內通常會有本年度及去年度的總員工成本及總員工數資料。

定義的問題

要確定一家公司的員工人數看似不難，但實際執行起來確實困難。企業在年報中對員工人數的定義可能包括：

- 當年度受雇員工平均人數
- 年終受雇員工人數
- 全職及兼職員工總數
- 約當全職員工人數

　　約當全職員工人數（full-time equivalent）是以所有員工的總工作時數除以特定工作週期的標準時數計算得來，例如除以一周、一個月或一年的標準時數。這種界定方式廣為零售業、餐飲業及其他聘雇大量兼職員工的行業所採用。

　　若要評估並比較許多公司的人力資源運用效率，就必須對員工人數的界定採用通用基礎。通常年度報告所列的員工數不是當年度受雇員工平均人數，就是年終受雇人數。如果一家公司提供當年度平均員工人數資料，另一家提供的是年底員工總數，那麼直接對這兩家公司進行比較，可能產生誤導。但是當比較許多分屬不同國家的公司時，則經常沒有其他選擇餘地。

員工平均薪資

　　大多數公司會提供當年度支付的工資及薪資總額，也就是員工福利支出。總薪酬除以員工人數就是每名員工的平均薪資。

平均薪資 ＝ 總工資及薪水 ÷ 員工人數

　　如果同業間的平均薪資差異很大，先查看各公司對員工人數的界定是否有別（這適用於本節中所有效率比率）；如果沒有差別，再進一步找出差異的原因，可能是公司的市場區隔不

同，或其所在地的雇用成本高於或低於其他公司。這個比率雖不適合用來評估不同國家企業的效率，但可用來決定營業地點。

　　總員工成本包括董事薪酬在內，因為董事也算員工；一般而言，董事所領的薪資高於平均薪資，但通常不至於導致大企業的平均薪資比率失眞，而且你可以減去會單獨列出的董事薪酬。

解讀數字

　　若某公司的員工薪資看起來低於同業標準或國內平均工資水準，或許代表這家公司能有效控制員工成本，但這樣的政策是否符合公司長遠利益有待商榷。近年來有許多公司秉持著一分錢一分貨（if you pay peanuts you get monkeys）的信念，捍衛自家經營階層的薪酬，工廠工人不也是一分錢一分貨？

　　對整個行業進行調查時，若能取得該行業總就業人數及企業雇主的資料，助益甚大。只需依個別員工人數對各公司進行排名並計算出總人數，便可取得這項資訊，由此也可看出各公司在同行中身為雇主的重要性，或該行業占國內就業來源的比重。若能取得連續幾年的員工人數資料，就可以確定各公司或各行業的就業趨勢。

長期觀點

　　企業常把員工統計資料列入五年或十年的財務績效紀錄，這項資料可用來研究企業雇主的紀錄。多年下來，企業的員工人數應該會有一定的連貫性，要是某公司的員工人數今年增加、隔年又減少，可能代表這家公司已顯露敗象，這可能顯示

管理階層無法有效經營管理，而且沒有能力規畫中程計畫，更遑論長程計畫。對仰賴高階技術人員提供產品或服務的企業而言，造成員工流動率高的用人政策，通常會影響員工的忠誠度和生產力，也會衝擊公司的財務績效。

其他資訊來源

除了公司的年度報告外，報紙、雜誌和期刊都是有用的資訊來源。員工人數大幅增減，通常是大家談論的重點。滿足特定行業需求的刊物也是有用的資訊來源。

每名員工的銷貨收入

看過員工人數及其平均薪資統計資料後，下一步是評量員工對銷貨收入及獲利的貢獻度，把銷貨收入除以員工人數，就可計算出每個員工的銷貨收入，可以評估企業靠員工創造銷貨收入的能力。

每名員工的銷貨收入＝銷貨收入÷員工人數

計算連續幾年每個員工的銷貨收入，就能看出長期趨勢，用在比較同行業中的多家企業時，特別有幫助，依據每個員工的銷貨收入對各企業做出排名，如果有連續幾年的資料可用，就可評估各企業的名次變動。

解讀數字

營業焦點不同，通常可用來解釋為何同行業的公司會有不同的每名員工銷貨收入。平價零售商店的每名員工銷貨收入比

率可能比百貨公司高，而時尚精品店的比率可能更高；勞力密集型產品製造商的每名員工銷貨收入會比高自動化工廠低；把大部分工程分包出去的建設公司，會擁有比自己全數承接所有工程的公司更高的每名員工銷貨收入。研究一個行業時，須留意各公司的比率差異，並試著解釋個別公司及整個行業所顯示的趨勢，一家公司可能正在其所處的行業中建立、遵循或符合整體的績效及趨勢標準。

如果一個公司的每名員工銷貨收入不到國內平均工資的兩倍，表示這家公司已經或即將陷入困境。只能賺取足夠的收入支應員工薪資及相關人事費用的公司，無法產生令人滿意的報酬率。

每名員工盈餘

大多數企業會盡可能提高每名員工的銷貨收入水準，但盈餘可能才是唯一能真正評估企業效率的指標，而不是銷貨收入。無法為企業增添盈餘的銷貨收入沒有任何意義。每名員工盈餘比（ratio of profit per employee）可用來評估企業靠員工創造盈餘的能力。

每名員工盈餘＝盈餘÷員工人數

第六章討論了從損益表中挑選適當盈餘以得出關鍵利潤率的重要性，這裡也需要決定每名員工盈餘比該採用哪個盈餘，最有效的方法可能是藉由每名員工的毛利及營業利益評估企業運用員工的效率及員工對整體績效及成長的貢獻度。

解讀數字

　　有了每名員工的銷貨收入資料，即可研究個別公司及所處行業的趨勢。個別公司的每名員工盈餘可與業界的平均或標準值做比較，進而評估每年的變動情況。若發現每名員工盈餘比出現一次性的大幅變動，應查明是否公司效率變動或其他活動（如收購或處分勞力密集的子公司）所造成的結果。可能的話，應專注於公司持續營運情況，不去理會任何額外的盈餘。

每名員工的附加價值

　　第六章也提到運用加值報表調查企業的成本與支出結構，以及公司這塊大餅如何分配給各個利益團體。附加價值可定義為企業收入與支付貨品及服務款項的差額，如同每名員工盈餘，計算每名員工的附加價值（value added per employee）同樣不難，這個比率愈高代表企業的績效愈好。

　　　　　每名員工附加價值＝附加價值÷員工人數

每營收單位或加值單位的員工成本

　　評估員工運用效率的第三個方法是把總員工成本除以銷貨收入並換算成百分比，這就是每銷貨收入單位的員工成本（employee cost per unit of sales revenue）。

　　　　每收入單位的員工成本＝100×（員工成本÷銷貨收入）

　　附加價值可用來替代銷貨收入，計算出每加值單位的員工

成本，顯示員工占企業附加價值的比率。

　　員工成本與銷貨比可看出該年度員工薪資及相關費用占每銷貨收入單位的比率。大致上，比率愈低對公司愈好。如果員工薪資占每一收入單位的比率低，企業可用於其他用途的資源會更多。

單位：美元

銷貨收入	100	100
員工成本	30	20
每收入單位的員工成本	0.3	0.2

解讀數字

　　由上面範例可看到當年度產生的每一美元銷貨收入中，A公司提撥30美分，而B公司提撥20美分做為員工薪資與其他相關費用；如以提撥的員工費用做為評估企業效率的依據，很顯然B公司的績效比A公司好，出現這種差異的原因可能很多，B公司可能雇用較少員工或支付較低的薪水，或是市場區隔不同，所以能訂定較高的產品或服務價格。

　　確定員工成本與收入間的關係，有助於比較同一行業中各企業的差異。計算出同行中多家企業的員工成本收入比，便可找出業界平均值或中位數，用來評估及比較個別企業。

　　不同國籍的企業，會有顯著不同的員工成本與銷貨收入比，原因是工資水準不同，且總員工成本可能包含社會安全等福利費用，因此在比較不同國籍的公司時，不宜過分注重此一比率。

每名員工有形非流動資產

　　企業爲協助員工作業而進行的有形非流動資產，也是評估企業營運效率的重要依據。以分析重型工程公司或汽車製造商爲例，評估這些公司創造每名員工銷貨收入及盈餘的能力固然有幫助，但考量企業爲支援員工生產作業所做的資產投資，同樣有助於評估各公司的人力資源管理效率。

　　把資產負債表中的有形非流動資產總額除以員工人數，即可算出每名員工有形非流動資產比（tangible non-current assets per employee）。

　　　每名員工有形非流動資產＝有形非流動資產 ÷ 員工人數

解讀數字

　　這個比率提供了比較各公司投資生產所需資產的基礎。舉例來說，汽車製造商需持續大量投資於機械系統以維持生產品質與產量，才能減少員工數量，這會反映在每名員工的資產比率上。進行必要投資的企業會產生較高的每名員工有形非流動資產比。

　　分析某些服務業公司時也適合使用這個比率，舉例來說，研究客運業時，可運用每名員工非流動資產額比較不同公司的情況，以評估火車、飛機、船舶、巴士或公車等投資項目。這個比率也可進一步用來研究同一行業但不同國籍企業之間的差異。

　　比較分析過程中難免會產生一些問題，例如有些公司自己

擁有廠房與機械設備，有些公司則是用租的。然而，一旦計算出同一行業中許多公司的每名員工非流動資產比，就能有效比較生產用的資產投資情況，從所有被研究的企業中找出平均比率或比率中位數，可作爲評估個別公司及觀察該行業發展趨勢的基準。

每名員工營業資產或淨資產

若公司備有包含各部門及地理位置員工配置的詳細分類資料，就可運用前述的比率作爲評估各部門的基礎，也可從分類資料計算出每名員工的營業資產或淨資產。可能的話，把連續幾年的比率數字放在一起進行分析，就能瞭解公司在各業務範圍及各國家的員工配置變動情況，也能觀察生產性資產（productive assets）投資的變化。

董事薪酬

某些董事領取的「肥貓」薪酬已飽受批評。企業年報會列出支付董事的薪資明細，董事薪酬可能涵蓋薪水、利潤分享、紅利及其他福利，而且不只包含獎勵優良績效的獎金，也包括一次性的資遣費或大筆退休金（golden goodbye），不論董事是因勝任或不勝任而領到薪酬，對股東而言都是費用，股東顯然對不與企業績效或投資人報酬率連動的董事報酬愈來愈不滿。

美國政府必須動用7,000億美元公帑來減輕2008年金融危機的衝擊，使得要求限制主管薪酬的呼聲日益高漲，即使在企

業倒閉或股東因企業遭到接管而血本無歸時，有些主管還是可以抱走數百萬美元的資遣費。2008年北岩（Northern Rock）等數家英國銀行相繼不支倒地，迫使英國政府出手干預，政府大約對金融業挹注5,000億英鎊的公帑，激起民眾對銀行高層薪酬的不滿，進而促使政府傾向立法或至少從嚴監督高層薪酬。

　　過去五年，董事薪酬報告都包含績效圖，顯示他們對股東的貢獻度，這種圖說明股東總報酬率（total shareholder return）與特定指數相比的走勢差異，例如與倫敦FTSE 100指數相比。股東總報酬率包含股票的市價變動以及再投入購買額外股票的所有收入（股利）。

加上股利

　　須牢記董事薪酬不包括董事持有公司股票的股利收入，欲瞭解董事的總所得概況，應將他們持有的公司股票乘以股利收入。年度報告應該包含明列各董事名字及持股數量等資料的一覽表，因此不難算出董事總收入。

董事會成本

　　最好計算出董事會的總成本。年報應該會列出每位董事的總薪酬，包含薪水、酬金、紅利或其他福利。把董事持股乘以股利支出，再加上每位董事的總薪酬，就得出相當準確的董事會成本。如同員工總成本，這個數字可以銷貨收入或盈餘的百分比呈現，以得出可用來比較不同企業實際情況的比率。若一家公司支付董事的薪酬遠高於同業，應該找出箇中原因。

董事平均薪酬

把會計帳目中的董事薪酬總額除以董事人數，即可算出董事平均薪酬，同時可將當年度的數字與前幾年的金額做比較，以觀察前後的一致性與趨勢發展，也可與同業其他公司的數字相互比較。

股票選擇權

企業多會提供董事及其他員工股票選擇權（share option），股票選擇權計畫一向被視為激勵及獎勵公司管理階層的標準方式，提供個人在日後以預定價格購買公司股票的權利。舉例來說，某董事享有兩年後以每股2美元的價格購買1,000股的權利，假使兩年後股票價格漲至4美元，而這位董事行使認購權，便立即賺進2,000美元的「利潤」（雖然出售股票可能須支付資本利得稅）。股東有權知道公司股票選擇權計畫的內容，以及企業高層享有的選擇權為何，並以何種價位購買。如掌握這些資料，則可列入前文建議的董事報酬分析（參見第三章）。

誰控制董事會？

股東可推翻董事薪酬政策（雖然在現實生活中推翻董事薪酬政策的大多是持有大量股份的機構投資人），來自政府、民意、專業團體及證券交易所的間接壓力，也會影響董事會政策，但有許多例子顯示，董事會只要討論到董事薪酬問題便會厚著臉皮自肥。

　　當然，如果媒體報導的董事薪酬資料與年報中的資料不符，則有必要進行調查。要是媒體的報導屬實，而且董事會並未如實向股東交代董事薪酬，你還能相信年度報告中的其他資料嗎？

有形資源管理

　　決定如何評估公司運用有形資產（可用資產）的效率前，必須先瞭解公司的業務性質。不同的業務種類會有不同的評估方式。

起始點

　　想瞭解企業的業務性質，第一步是調閱損益表以找出被分析公司大致的成本結構，損益表包含企業成本與支出的概括資料，而且這些資料的登列方式視業務性質而定，舉例來說，零售和製造業者可能以下列方式登錄：

零售業	製造業
銷貨成本	銷貨成本
員工成本	經銷費用
占駐成本	行政費用
維修更新費用	研發費用

　　如果每一成本及支出費用項目以當年度銷貨收入的百分比顯示，而且觀察連續幾年的資料或同時比較好幾家公司，就可以很快找出趨勢及變動情況，以利進一步調查。

銷貨收入		100
銷貨成本		<u>65</u>
		35　　％毛利率
經銷	12	
行政	8	
研究開發	1	
其他費用	<u>4</u>	<u>25</u>
		10　　％營業利益率

報酬率分析

可用資產產生的報酬率可作為評估企業效率的基準。第六章討論過報酬率比率。幾乎每家公司都想有效運用資產，以創造可產生盈餘的銷貨收入。銷貨收入除以公司可用資產即是資產周轉率，對大多數公司而言，這個比率非常適合評估管理資產的效率。

資產周轉率＝銷貨收入÷資產

如果一家公司的資產周轉率低於同業，原因可能是這家公司擁有一些非生產性資產、高估的資產或管理能力不足，也可能是這三項因素合起來造成的結果。只要把損益表中的銷貨收入除以總資產、淨資產、可用資本等任一項，即可算出資產周轉率（第六章討論過從資產負債表中挑選適當的資產或可用資本數字）。計算出連續幾年的資產周轉率，就能瞭解公司長期的效率情況，而同時比較同一行業的許多公司時，資產周轉率會是比較各企業資產運用效率的重要依據。利潤率乘以資產或

資本周轉率就是企業整體報酬率。

報酬率％＝利潤率％×資產或資本周轉率

　　第六章也討論過杜邦法或金字塔法呈現報酬率的方式。利潤率及資產周轉率這兩大重要因素可進一步劃分，以深入瞭解報酬率的計算方式與企業在不同生產活動階段的效率。

　　金字塔比率可協助分析企業，並找出對企業整體獲利能力影響最大的營業項目，例如，它可用來評估存貨周轉率（inventory turn）下跌對報酬率產生的衝擊。

　　理想的情況是，應該把分析重點放在企業的繼續營業部門，然而，實務上在比較不同國家的許多公司時，較簡單的做法可能是對所有繼續營業及停業部門進行逐年比較。

　　不管哪家公司，只要在營業項目中新增或刪除任一項目都屬重大情況，尤其在會計年度中辦理的時候，併購的會計處理會影響當年度公告的盈餘金額。不論是把被收購公司全年部分盈餘或總盈餘納入損益表，都會對獲利率造成直接且明顯的影響。

　　一旦把所有數字轉化爲表格，就很容易看出公司幾年來達到利潤率的做法是否一致，且如能蒐集到同業其他公司類似的資料，就能挑出幾個可用來評估並比較績效的基準。

附加評量

　　企業可能在年報中提供有關公司營運績效的額外資料，當然，沒什麼東西可吹噓的企業，所提供的資料通常不會超過基本要求範圍。

圖7.1 杜邦模式

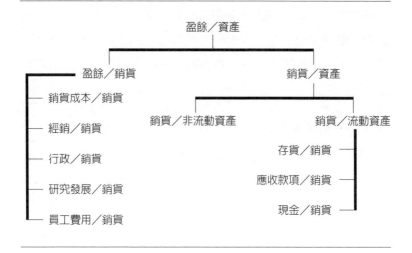

　　企業提供的資料超出法令規定或會計法與會計實務規定範圍時，須注意這些公司可能採用他們想用的報告格式以及公告一些不需經審計人員稽查驗證的數字資料。此外，企業在某一年的年報中提供額外的營運資料，並不代表也會在其他年度提供同樣的資料，但倘若這家公司也在其他年度提供相同的資料，須確定提出的數字資料是否根據一致且可供比較的基礎。

　　許多零售業者會列出銷售通路的數量、規模及總銷售區域，這些資料可用來計算每平方英呎或每平方公尺銷售空間的銷售與獲利比。對零售商而言，評估效率的實際依據是每單位的銷售空間能創造多少銷售和獲利，而且零售商的營運目標通常是設法改善這兩項比率。

　　這些基準是評估企業連續幾年的業績表現和同時比較許多
公司的最佳方式，但各公司間的差異，有時是營業項目不同所
造成。舉例來說，食品零售商每平方公尺的銷售情形可能比百
貨公司好，但利潤率會比百貨公司差，因此可能產生較低的盈
餘比。

產量比或服務水準比

　　其他公司也可能提供產量或服務水準比率統計資料，例如
運輸業者可能公告一年中載運乘客的人數或乘客里程數，這些
數字都可以作為各項比率的計算分母，以便研究企業過去績效
並與其他公司做比較。

　　每名乘客或每一乘客英哩的成本與獲利可以同樣的方式計
算出來，作為評估企業提供運輸服務效率的另一基準。公司員
工成本最好能配合乘客人數或乘客哩程數閱讀，以便與前幾年
或與其他運輸公司做比較。把其他國家的運輸公司納入分析，
以計算出每名乘客平均支付的金額，會讓你獲益良多。

　　發電或供電公司可能提供當年度發電量（百萬瓦）的明細
資料；汽車製造商可能公布該年度生產多少汽車或曳引機。一
旦確定了適合某一行業的共同分母，就應訂定一系列比率作為
評估效率和業績之用。

其他資料來源

　　外界可從年度報告以外的來源取得關於一家公司或一個行
業的額外資料，報紙、期刊、雜誌、政府與貿易刊物等，都可

能提供可用來評估業績及效率的有用資訊。

　　一般人不難取得關於各行業的國家統計資料，如零售銷售總額、總發電量、汽車和貨車的生產量與銷售量等。即使企業的會計年度截止日與所在國家的財政年度截止日不同，這些資料仍值得用來估算企業在市場上的占有率，以觀察多年來的市占率變動情況。

資產折舊

　　與可用資產年限相關的資料有助於評估企業效益，這些資料明細有可能列於資產負債表的備註說明中，至少會有一份記錄這些資產價值的計算表。把資產負債表中的非流動資產金額除以損益表中當年度的折舊額，就可算出資產的有效使用年限，計算出來的數字是資產完全註銷前可使用的年限，也可作為估算日後使用年限的基準。

預計資產使用年限＝有形非流動資產 ÷ 折舊

　　假設資產負債表上登錄的有形資產價值為100美元，損益表則列了10美元的折舊額，這表示這些資產可使用的年限為10年。當然，許多因素會導致這個比率失效，例如企業可在年底時購置新資產，而且不在會計帳目上登載折舊費，也可重估全部或部分資產的價值，或改變折舊政策，但這個簡單明瞭的比率可作為進一步分析有形非流動資產的起點。

　　企業應在損益表的附註欄內詳列折舊政策，說明各項資產的折舊率與提列折舊方式。第二章討論過最常見的折舊方式。

折舊政策對申報盈餘的影響非常大。

資產重置率

資產重置率（asset replacement rate）可用來評估企業因應技術更新的能力，這項能力對大多數企業而言相當重要，對某些企業來說至關重要。用資產負債表中的有形非流動資產除以當年度的資本支出金額，即可算出資產重置比率。

資產重置比率＝有形非流動資產總額÷資本支出

未折舊的有形非流動資產總額及資本支出可參閱年度報告的附註說明。另外，現金流量表中的資本支出金額雖然不是最合適的數字，但也可使用。若某公司的有形資產總額爲1,000美元，而當年度的資本支出爲125美元，由此可推斷這家公司大約每八年重置資產一次。最好能把連續幾年的資產重置比率計算出來，以便研究變動趨勢及一致性，同時也可和其他公司相互比較，藉此判斷這家公司的資產重置比率是高於或低於業界平均或標準水準。

資本支出營業額

銷貨收入除以資本支出得出的資本支出營業額比率（capital expenditure turnover），可用來評估企業資本支出與銷貨收入的靜態或動態關係。

資本支出營業額＝銷貨收入÷資本支出

　　這個比率下滑，可能表示公司正在增加對有形資產的投資，以利未來繼續創造銷貨收入；比率上揚可能代表企業因資金短缺或對未來前景缺乏信心，因而減少投資。

資產所有權比率

　　研究企業有形資產時，最好瞭解非流動資產的持有比例及租賃比例。公司成長的基礎建立在自有或租賃的資產上？這項政策有何用意？同業的其他公司怎麼做？會計帳目記錄會詳述自有與租賃資產的區別，也會說明長、短期租賃的差異及營業租賃與融資租賃的區別。這項附加資料在檢視公司過去幾年成長發展趨勢時非常有用。

　　租賃比例＝100×（租賃資產 ÷ 有形非流動資產總額）

研發

　　研究與開發（或發展）是與公司有形資產及人力資源直接相關的重大項目。把基礎研發成有利可圖的商業產品與服務，通常需要高技術人才配合使用精密儀器與機器設備才能完成。

　　前面第三章談到，在大多數國家的情況是，企業通常會在研究發展費用發生的當年度註銷這筆費用，很少把全部或部分研發費用資本化。如果企業遵照公認會計實務規定透過損益表註銷總金額100美元的研發費用，就可能和下面範例中的A公司一樣發生虧損。

	A	B
損益表		
研發	100	10
（損失）盈餘	（損失）	盈餘
資產負債表		
研發	－	90

　　A公司的損益表登列了100美元總研發費用，沒有一分一毛被資本化而移入資產負債表，假如A公司以10年攤提研發費用，並主張這筆投資會在這段期間產生效益，情況就會與B公司相同，這麼做實質上沒有任何變化，但會把虧損轉為10美元盈餘，而且企業在資產負債表上的價值會增加90美元，因為新增了研發這項資產，反映出研發費用的餘額已被資本化，將分批在未來九年註銷。當然，如果未來九年這家公司都沒有倒閉的疑慮就可以接受這種做法，但要是這家公司在公布年度報告後不久就遭遇問題，便會面臨資產負債表所列的這90美元研發資產是否值90美元的問題。研發費用屬無形資產，會計師普遍認為其實際價值的估算過分主觀。如同第二章所提到的，這時適用「有疑問就捨棄」的法則。

　　檢驗企業研發投資效益最簡單的方法是觀察研發投資是否有展現成果，如果研究計畫不能開發出可在市場銷售的產品或服務，對投資研發資源的公司而言，一點商業價值也沒有；同樣地，要是客戶對研發成果反應冷淡，企業投入大筆研發經費也是枉然。零售商所需的研發經費並不多，但投入大筆研發經費對供應商而言至關重要。製藥、國防和資訊科技等產業都須持續投入大筆資金進行研發。

公司年度報告包含研發所耗費的金額明細，也可能提供已開發且發表過的新產品資料以及與突破或進展相關的細節，這些都有助於評估公司研發計畫的效益。

研發與銷售比

評估公司研發政策一致性的方法是以研發費用除以銷貨收入，算出來的結果再乘以100即是研發與銷售比（R&D to sales ratio）。

$$研發與銷售比 = 100 \times （研發費用 \div 銷貨收入）$$

大多數企業會有合理且固定的研發投資水準，研發與銷售比下滑可能是研發費用維持不變但銷貨收入增加所致，但如果這項比率突然下滑，可能表示企業營運出狀況。當一家公司面臨困境，削減研發費用這類的支出是「改善」盈餘最簡單的方法。第十章將討論這種可帶來短期獲利、但可能損害長期發展的做法。

百分比的問題

研發與銷售比可克服跨國比較分析面臨的貨幣兌換問題，但無法解決公司規模差異的問題，假設有兩家公司都以銷貨收入的百分之一投入研發，這個比率就無法區別兩者的差異。假設一家公司的銷售額為1,000萬美元，而另一家為100萬美元，這兩家公司的研發經費差距會非常大，例如，大型電腦公司的研發經費可能超越部分小型競爭對手的總銷貨收入。

百分比衍生的另一個問題是，許多公司會設定研發預算固定占銷貨收入多少百分比，這麼做的優點是使研發支出具連貫性，但也可能帶來困擾。若企業營收受產品不具競爭力拖累而下滑，研發經費就會依據企業設定的比率而跟著縮減，這可能反過來加重營收下滑的頹勢。

額外資訊來源

相關領域的專業分析師在媒體發表的資訊也有助於評估企業的研發績效。不過對有意投資公司的人來說，最簡單有效的法則是：「如果不瞭解，就不要買。」投資一家公司前，應該儘可能取得關於產品或服務的第一手資訊，例如這家公司提供的各項產品是否不輸給競爭對手？員工是否給人熱情有幹勁的印象？如果這家公司沒令你刮目相看，其他人應該也看不上眼。

假使已投資某家公司，定期檢查這家公司的產品及服務與本書所建議的財務分析一樣重要，這件事或許看似費力但可能相當有趣，也絕對是更安全有利的做法。

財務資源管理

第八章和第九章將從許多面向討論財務管理效率，不過有些部分適合在這章討論。

財務功能

近年來企業的財務部門因國際貿易頻繁且現金流量複雜，已成為日益重要的角色。沒多久前，財務主管可能只需偶爾花

幾分鐘思考匯率變動對公司的影響，但現在各大企業都有全職專業人員負責管理財務與現金流量。

假設某公司的總部設在英國，且在美國設立子公司，英鎊與美元之間的匯率變動會對整個集團的獲利率產生很大的影響，若子公司的100美元獲利在美元兌英鎊匯價為1.55美元兌1英鎊時匯入總部，集團帳戶會新增64.52英鎊；假設匯率為1.65美元或1.45美元，那麼匯入總部的金額會變成60.6英鎊或68.96英鎊，因此單是匯率波動就會導致子公司的獲利產生10%的差距。第二章和第三章已討論過國際交易的會計處理。企業應儘量避免過度曝露在匯率波動的風險中。近年來有許多企業因為未採取規避匯率波動風險的措施而損失慘重，因此貨幣交易管理是財務部門的核心職責。

利息覆蓋率

企業以營業利益支付貸款利息的能力可用來評估企業的財務效率；把息前稅前獲利（PBIT）或息前稅前盈餘（EBIT）除以利息支出金額，即是利息覆蓋率（interest cover ratio），這個比率顯示出企業獲利與利息支出間的倍數關係。

$$利息覆蓋率＝息前稅前盈餘 ÷ 利息$$

數值愈高代表企業的體質愈好。利息覆蓋率為2的公司即使獲利銳減50%仍能支付利息，但利息覆蓋率低於1的公司在獲利下滑時必須動用現金準備金或出售資產或籌集額外資金才能履行支付利息的義務。

摘要

- 效率通常與成本及費用管理有關，也就是有效率地使用企業所有可用資源，以在市場上推出具價格競爭力的產品或服務。

- 評估企業效率的方式很多，獲利可說是評估企業效率最嚴格的指標。與獲利能力有關的一系列績效評估可參閱第六章說明。企業可能非常有效地管理成本與費用支出，但有些因素並非企業所能掌控，這些因素會削弱企業創造獲利及營收的能力，如經濟衰退、供給過剩或同業間的削價競爭等，在這些情況下，企業的獲利率下滑不見得代表缺乏效率。

- 在蒐集許多年的相關資料後，第一步便是把損益表調整成共同因素基礎，並以銷貨收入的百分比顯示成本與獲利（請參閱第五章）。

單位：美元	第一年	第二年	第一年	第二年
銷貨收入	7,200	8,500	100	100
銷貨成本	4,680	6,125	65	72
毛利	2,520	2,375	35	28

這個方法讓你更容易看出企業逐年的變動與趨勢，也可用這個方法比較企業間的差異，在比較不同國家企業時尤其好用。利潤率剔除了規模與匯率的問題。

- 每名員工盈餘可能是評估企業人力資源運用效率的最佳指標。

- 報酬率比率是評估企業整體效率（請參閱第六章）的最佳單一比率。一家有效率的公司比沒有效率的公司更可能創造獲利，也較可能持續產生高人一等的報酬率。

- 資產周轉率最適合評估企業運用可用資源的能力，這個比率很容易計算出來。把損益表中的銷貨收入及資產負債表中的資產金額相除，就可算出企業的資產周轉率。要是企業每銷售一次就獲得一次收益，那麼銷售愈多，收益也愈多。資產周轉率愈高代表企業使用可用資產的效率愈高，整體報酬率也愈好。

- 財務管理可簡化為利息覆蓋率，這個比率顯示企業對外借款的成本占當年度息前稅前獲利的比例。企業對外借款愈多或支付的利息愈高，其利息償付比會愈低。

第八章
營運資金和變現能力

　　本章將著重於評估企業的短期財務部位和公司財務體質是否健全的問題。雖然償債能力和變現能力通常指涉同一件事，但兩者在財務存續上的重點實則不同。償債能力（將於第九章討論）是用來衡量公司在到期前清償債務的能力，不管是償付貸款或債權人發票都在此一範圍。變現能力則與企業的現金流量和短期資產直接相關，也就是看公司手上是否握有足夠的現金、或備有可動用的現金。一家公司可能有100萬投資於股市，但口袋裡的錢卻連買張公車票都不夠，也就是說，這家公司很可能有償債能力，但尚未兌換成現金。

　　想簡單確認公司的短期財務狀況，通常會先確認當年度帳上是否有盈餘，再視這家公司資產負債表到年底時是否還有可觀的現金餘額。如果這家公司有盈餘也有現金餘額，你可能以為就能高枕無憂，但這種想法可是大錯特錯。即使一家公司年底仍有現金餘額和盈餘，也不能保證該公司短期內能存活，更別提長期經營。

　　資產負債表則有助於瞭解公司在年度結束時帳上的資產與負債各有多少，但這不能代表當年度的財務部位；而在公司的

損益表裡，當年度的收入和支出應達到平衡。年度收入和盈餘包含賒銷收入和賒貸支出、以及現金交易。公司可能帳上有盈餘，卻有很多債權人，主要原料供應商甚至可能在未來幾周內就會要求付現。企業也可能美化年底的現金部位，例如會計年度結束以前向客戶催收現金，並暫緩償債，如此就能增加損益表上的現金餘額。

債權人提供企業融資，而債務人則使公司的財務資源無法流通。如果公司擴大給客戶的賒銷範圍，同時也向供應商賒貨，雖能創造盈餘，卻也減少未來的現金來源，也就是所謂的過量交易。這種情況常見於規模小和成長快速的公司。對任何公司來說，在賒銷和賒貸之間維持適當的現金餘額是很重要的。

營運資金與現金流量

第二章中已經討論過短期資產和負債之間的關係。流動負債則通常是相對於流動資產而言，以顯示淨流動資產或流動負債。淨流動資產通常指公司的流動資金，而且其金額會不斷變動。

只要公司還在營運，流動資產和負債就會隨時變動。公司通常會用現金支付給供應商開出的發票，接著再從消費者處換回現金，這就是持續不斷的現金周期（如圖8.1所示）。在這個周期的每個環節裡，公司都會將貨物或服務以高於成本的價格賣出賺取利潤，才能累積現金以擴大規模，並支付生產或購買

圖8.1　營運資金循環

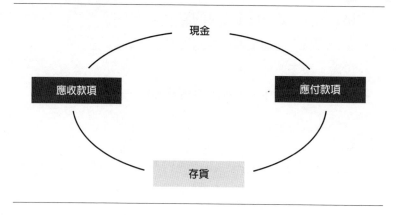

貨物所需的支出。

　　研究公司的流動資金，也能一窺其短期財務狀況。流動資產包含現金、或是登錄於以下四類中近似現金的項目：存貨、預付款、應收帳款及現金。在標準的資產負債表中，這些都以變現能力的多寡依序排列，最後都會變成現金。

- 存貨：成品、半成品、原料
- 預付款：預付支出的款項
- （借方）應收款項：交易金額及其他款項
- 現金：現金和銀行存款餘額，短期存款與投資

　　流動負債是一年內應付的借貸金額，亦即一家公司近期應償付的現金；短期貸款也是流動負債的一部分。在資產負債表中，流動負債通常包括以下五類：

- 應付款（貸方）：交易及其他款項
- 應計項目：年底尚未支付的開銷
- 銀行貸款：短期貸款和其他借款
- 稅款：來年應付的稅金
- 股利：已經宣布、但尚未發放給股東的股利

存貨

在流動資產中，存貨是變現能力最低的一項。存貨賣給顧客才能提高流動資產的變現能力排名，成為借方應收款項的一部分，在顧客支付發票後，這些存貨才會變成完全流通的現金和銀行存款餘額。

資產負債表裡的存貨數據，在備註中還可分為原物料、半成品和成品。實際上，把成品假設為流動資金會比半成品來得安全，而半成品又比原物料更容易轉換為現金。

大多數公司至少每年出清存貨以換取現金；如若不出清存貨求現，那麼可能另有保留存貨的理由。如果存貨沒有變現，就會出現有價值的財務資源遭凍結而無法使用的情況。

應收款項

在流動資產中，應收款項的變現能力僅次於存貨。應收款項可分為兩種：預定在資產負債表編製日起12個月內可望收到的現金，以及很快就能收到的現金。通常需參照備註，才能瞭解數據背後的組成明細。

如果是在分析一家集團公司，其申報的應收款可能包含子

公司積欠的款項，可分為資產負債表編製日起一年內將到期的款項，以及最近到期的款項。我們可以把一年內將到期的應收款假定為交易債，也就是說，客戶在這一年內積欠公司的貨項，可望依正常交易條件以現金償付。如果公司給客戶30天的信用交易，則客戶從到貨日起的30天內應付清貨款。

為給予人營收成長的印象，公司可能會採取非常規的策略，例如把未來收入計入本年度的損益表，這種誤導行為將導致交易應收款大幅成長，而非營業額的增長。公司可能會選擇把存貨銷售給經銷商或將退貨列為年度銷貨收入，如此一來，存貨就會變成應收款，反映在損益表上，就是營收和盈餘雙雙成長；但若將存貨的成長趨勢與債務人相比，就會出現誤差。

如果公司延展給顧客的信用水準超出能力範圍，可能會把交易的應收款予以證券化。這會減少資產負債表中的應收款，掩飾真正的數額。投資人要記得查閱應收款欄位下的備註，一家正常、健康的企業，無論在營業額、存貨、應收款上都應該能相符。任何顯著的差異都值得仔細研究。

資產負債表中的應收款應被視為正常可回收的債款。顧客積欠公司的款項應於到期前清償完畢，而已知或預期的壞帳則於損益表中沖銷。想沖銷壞債，若非從營收中扣除、致使當年度的收入減損，就是被登錄為該年度為達盈餘的必要開支項目。許多公司都有壞帳的經驗，因為客戶可能破產、潛逃出境、消失無蹤或蓄意詐欺。

壞帳可以單獨沖銷，或是每年用一定比例的銷貨收入沖銷，這個比例通常會參照公司以往經驗或其他同業的做法來處

理。如果公司的壞帳太高，應於年度報告中向股東說明；如果
重要客戶宣告破產，也應在年度報告中告知，即使可望收回大
部分的債務也須在年度報告中揭露。

預付款與應計事項

　　有時候公司會將預付款或訂金登錄在流動資產中。預付款
就是公司今年為明年交貨的商品或服務所支付的款項，例如公
司可能會預付三個月的房租。大部分的分析都將預付款當成流
動借方金額處理。

　　流動負債通常包括一些應付款項，剛好與預付款相反。應
付款項是指公司當年度應付現的支出，交易貸方金額則是還沒
付給供應商當年度交貨的貨款。應付款項還包括能源、燈光等
其他營業支出。

現金

　　現金的變現能力很高，這包括公司手中或銀行帳戶裡的金
額，可隨時償還債務或進行投資。為何公司需要握有現金？其
實，把現金當成資產的一部分並沒有什麼價值，除非是用來投
資生產性資產或可生息的帳戶；公司握有現金的理由和個人
並無二致。知名投資分析師與經濟學家凱因斯（John Maynard
Keynes）認為，保有現金不作投資的理由有三：交易、未雨綢
繆、投機。

　　交易和未雨綢繆的目的，是讓公司的現金和銀行存款餘額
維持在合宜範圍。沒有現金的公司很難繼續營運，因為它無法

和供應商交易、也無力支薪給員工，因此現金在日常交易中相當重要。如果公司的現金不足，就很難支應沒有列入預算的支出。就和人們想握有足夠的現金一樣，公司也需要現金，以備不時之需。

投機則與企業的關聯性較小，因為董事們基本上並不鼓勵動用股東的資金從事這類買賣。但對個人來說，為了退休等長遠計畫而將多餘現金拿來投資，可說是未雨綢繆，如果拿來投入買彩券或玩牌等短期投機行為，雖然可能賠錢，但日子還是可以過下去。

企業在內部財務控管上有個重要的面向，就是要確保無論何時都有適當比例的現金在手中，以達成財務平衡。現金太多會浪費，現金太少則讓企業身處險境。

公司所需的現金規模端視其營業用途而定。像食品零售商這類有穩定現金流量的業者，所需的現金餘額較少，而現金流量較分散或不穩定者則相反，例如建築業或重工業製造商。衡量一家公司的現金餘額規模是否合宜的唯一方法，就是與前幾年的現金餘額、或與同業相比，稍後將舉例說明。

評估公司的變現能力時，一定要記得資產負債表的時間落差對現金餘額有莫大的意義。一家零售商可能在耶誕節購物季過後的1月作帳，因此可預期會出現低庫存、高現金餘額的情況，使其1月底的變現能力優於12月。

現金及約當現金

一般公司常將短期不會用到的現金投資在短期有價證券或

貨幣市場的隔夜資金，這類投資會列在資產負債表的流動資產之下，而且通常可以隨時轉為現金。在財務分析上，這些就被當成流動性佳的現金來處理。

流動負債

許多用來計量與評估公司變現能力和償債能力的比率，都是採用流動負債的總額。在大部分的情況下這是可以接受的，但仍會產生一些值得警惕的結果。預定來年到期的貸款和其他貸款，會準確無誤的呈現在資產負債表中，其他短期的銀行貸款也會登錄在流動負債中。在英國，這些帳款也因得隨時償還而列入流動資產中。因此有人認為，評比一家企業的變現能力和償債能力時，將流動負債計入「一年內將到期的貸方借款」，稍嫌過度謹慎。

集團內部交易

子公司進行集團內部交易，會使年底流動資產與負債出現借方與貸方。

如要進行更複雜而細緻的分析，可能要過濾集團內部的交易，才能產生淨借方或淨貸方，或是完全排除。大部分情況下，集團內部交易會以相同方式當成應收交易款項和應付交易款項處理。

衡量變現能力

現金和應收款項都是一家公司的流動資產。流動資產代表已經是現金，或是極短期內就會轉為現金的資金。只看公司資產負債表中流動資產的總數，不足以判斷該公司的變現能力。

美元	A	B	C
存貨	50	25	25
應收款項	25	50	25
現金	<u>25</u>	<u>25</u>	<u>50</u>
	<u>100</u>	<u>100</u>	<u>100</u>
流動負債	80	80	80
營業利潤	40	40	20
折舊	10	10	5

儘管上例中三家公司的流動資產都是100美元，變現能力卻大不相同。C公司的變現能力最好，因為C在年底仍有50美元的現金，而且近期將從顧客收到25美元的應收款。B公司的流動資產雖然和C一樣都是75美元，卻因現金不如C公司使其變現能力降低。A公司是變現能力最差的一個，因為A有50%的流動資產是存貨，這可能得等待一段時間才能換成現金。

流動比率

想簡單判斷公司償付短期債務的能力，就是以流動資產和流動負債計算俗稱的流動比率（current ratio）。這可能是19世紀末期的銀行家所發展的一套比率，用來做為最初和最後的財務分析基準。在此，總流動資產和負債要一起計算。

$$流動比率＝流動資產÷流動負債$$

流動資產包括現金餘額、短期存款和投資、應收款、預付支出和存貨。流動負債則涵蓋應付款、短期銀行貸款和來年應繳納的股利和稅金。綜合兩者後的流動比率，是呈現一家公司償債能力的粗略指標，而非呈現該公司年底的變現能力。

上例中的三家公司都擁有相同的流動比率。由於三者都有80美元的流動負債，所以流動比率為：

$$100美元÷80美元＝1.25$$

公司持有的每1美元流動負債，年底將轉成1.25美元的流動資產。如果這家公司償付了所有的短期負債，每花掉1塊錢的流動資產，就剩下0.25美元。簡單來說，對大部分公司來說，流動資產和負債為1.5比1時，就意味著該公司足以清償短期負債，無須藉出售資產的方式另行融資，不過出現在資產負債表中的流動項目是例外。

變現比率

由於流動比率難以區分這三家公司的短期財務狀況，有其限制。更精確的方法是將年底存貨排除在流動資產外，以切實呈現所謂的「變現資產」（liquid assets），也就是現金或接近現金的貨品。這有時候也被稱為「酸性測試」（acid test），但通常稱之為變現或快速比率（liquid or quick ratio）。

$$變現比率＝變現資產÷流動負債$$

A、B、C三家公司的變現比率如下：

美元	A	B&C
變現資產	50	75
流動負債	80	80
變現比率	0.62	0.94

　　從資產負債表就能簡易的算出變現比率。採用這種比率的原因有二，首先，資產負債表所揭露的存貨包括哪些項目，其實很難確實瞭解；其次，即使存貨品質良好，也很難快速折成現金。若一家公司存貨（主要為已可出售的成品）的價值低於成本或可變現淨值，即使該公司想迅速將這些存貨轉為現金，也很難達成此目標，因為潛在的買主通常會利用賣方急需現金的心態壓低售價。因此，想更謹慎衡量一家公司清償短期債務的能力，就是假設存貨無法立刻折換成現金。

　　目前已知A公司的變現能力不如B和C公司，但B和C目前還看不出差異，兩者的變現比都是0.94：1。對大部分的企業來說，每1美元的流動負債中，就有0.94美元隨時可供變現，應該是安全無虞，不需出售存貨或借貸就能支應6%以外的短期負債。在確認一年前的帳戶顯示類似的財務部位後，潛在的供應商就可以放心的擴大賒銷給這類公司。

　　A公司是否會因為變現比不高，讓供應商不願延展貸款，端視進一步的分析而定。但顯然透過變現比可以得知，A公司的短期財務狀況和B或C公司大不相同。

流動變現比率

儘管變現比率比流動比率更能呈現各家公司短期財務狀況的差異，但B和C公司的差異仍難區別。因此分析流動負債時，除了考量流動與變現資產外，也得將產生現金流量的能力一併納入考量。

現金流量最簡單的定義，是在未扣除折舊前的所有盈餘。折舊只是簿記的項目，不包含在實際的現金流動中，但如果將折舊重新計入損益表的交易或營業盈餘中，能大致呈現公司一年內產生的現金流量。以此計算，A和B公司的現金流量爲50元，C公司爲25美元。

想還錢給債權人的公司，首先會動用的是流動資產。如果公司假設存貨無法迅速轉換爲現金，那麼在該公司考慮借貸償債以前，就得仰賴營運所得的現金來支付。

流動變現比率計算的是，在正常現金流動的情況下，公司需要幾天才能還錢給債權人。

流動變現比率＝ 365×（流動負債－變現資產）÷ 現金流量

就上例的三家公司而言：

美元	A	B	C
流動負債	80	80	80
減去			
變現資產	<u>50</u>	<u>75</u>	<u>75</u>
	30	5	5

除以

現金流量	50	50	25
	0.6	0.1	0.2
×365			
天數	219	36	73

　　如果在變現資產以外，融資的唯一管道是營業現金，那麼A公司需要219天、也就是七個多月才能還錢，B為36天，C則為73天。假設三家公司屬於同一個產業，則債權人對A公司的信心最為不足。

比率的觀點

　　為了進一步分析及比較三家公司的短期財務狀況與動態，以下提供另一個例子。

單位：百萬美元

組別：	百貨公司 (D)	食品零售商 (E)	重型貨物製造商 (F)	連鎖餐廳 (G)
存貨	75	38	193	10
其他	30	20	80	40
交易應收帳款	80	5	162	30
現金	120	15	215	190
流動資產	305	78	650	270
交易應付帳款	35	76	70	75
其他債權人	165	104	300	285
流動負債	200	180	370	360
營運利益	130	60	160	300
折舊	20	25	35	20

　　從這裡計算出本章目前為止介紹的各種比率。

單位：百萬美元

組別：	百貨公司 (D)	食品零售商 (E)	重型貨物製造商 (F)	連鎖餐廳 (G)
流動比率	1.53	0.43	1.76	0.75
變現比率	1.15	0.22	1.24	0.72
流動變現比率	−73	601	−163	114

D、F和G公司的流動比率幾乎都接近或優於1：1，這代表三家公司到年底時，每1美元的流動負債中，就有1美元以上的流動資產。食品零售業者E和餐廳連鎖業者G營運所需的流動比率，比百貨業者D或重型貨物製造商F都要低，因為前兩者的業務主力在食品，投資於存貨的金額會低於後兩者，而且食品業通常無須給客戶長期信用賒銷。

每家公司財務狀況的差異從變現比率更能清楚得見。F公司每1美元的流動負債就有1.24美元的流動資產，顯示該公司的短期償債能力不錯。對考慮成為供應商的潛在債權人來說，他們對F公司的償清能力會更有信心。

然而在與F公司合作以前，還需要將F公司與同業的財務狀況相比，才能瞭解1.24比1的變現比率是否為業界常態。如果E公司的潛在供應商研究了其他的食品零售業者，就不難發現0.10比1至0.50比1是普遍的狀況，證明了與E公司合作合理而且安全。

D和F的變現比率都高於1：1，意味兩者的流動變現比率都是負的，代表兩家公司都能利用流動資產清償所有的短期負債，而且還有盈餘。實際上，只要潛在債權人發現一家公司的流動變現比率為負，就不會再看變現比率，反正後者也無法讓

他們善加評估與這家公司合作的財務風險。

E公司是此例中流動變現比率最高的一家公司，如果E用盡所有備用的變現資產來償付流動負債，就會耗盡所有現金來源，需要再經過20個月（601天）的營業現金流入，才足以清償所有債務。但在為E公司的財務狀況下結論之前，還是必須參照一些具指標意義的比較標準。如果把E公司601天的營業現金與D公司的–73天相比，顯然兩者的短期財務狀況大不相同，雖然他們都是零售商，但營業領域完全不同。

身為食品零售商的E公司，未來的每日銷售應該會比百貨業者D公司來得穩定，因為顧客到食品超市採買的機率遠比到百貨公司來得高。E公司的潛在債權人有理由相信，E公司隔天就會有270萬元的每日平均銷貨收入進帳。但D公司的情況不同，即使D每天也有270萬美元的營收，卻容易受到耶誕節或其他季節性因素影響產生變化。

E公司的債權人並不需要擔心該公司的流動變現比率達601天。在美國和英國，食品零售商的流動變現比率達1,200天（四年）的情況並不罕見；在歐陸國家，由於與供應商的合作型態不同，流動變現比率比E公司高出二至三倍也不稀奇。

衡量流動變現比率及其他比率的關鍵在於，要取得廣泛的資料才能比較。不同國家或不同產業的公司，通常擁有不同的償債能力、變現能力和現金流量。

營運資金占銷售額比率

要衡量公司管理營運資金是否充足，關鍵指標就是觀察營

運資金占銷貨收入的比率。營運資金的定義如下。

$$營運資金＝存貨＋應收款項－應付款項$$

四家公司的營運資金占銷售額比率如下。

單位：百萬美元

	百貨公司 （D）	食品零售商 （E）	重型貨物製造商 （F）	連鎖餐廳 （G）
存貨	75	38	193	10
交易應收款項	80	5	162	30
交易應付款項	35	76	70	75
營運資金	120	−33	285	−35
銷貨收入	1,000	1,000	1,000	1,000
營運資金占銷售額 比率（%）	12.0	−3.3	28.5	−3.5

如果營運資金是負值，就代表該公司到年底時應付款已超過存貨和應收款。如果債權人相信這家公司的到期償債能力，即使流動資金為負數也無妨，這通常與該公司所屬產業別以及產生現金流量的過往紀錄有關。容許發生在食品零售商和連鎖餐廳業者身上的情況，不一定適用於重型貨物製造商，因為後者未來幾天內產生現金流量的能力較不穩定。

一般來說，公司的營運資金占銷售額比率愈低愈好。如果百貨業者的營業額預期將增加100萬美元，營運資金就得再增加12萬美元；對重型貨物製造商來說，營業額同樣增加100萬元，營運資金就要多出28.5萬美元。再來看營運資金占銷售額比率同為負數的食品零售商和連鎖餐廳業者，營業額增加、營

運資金卻可以減少。同理可證,其他穩健成長、債信良好的公司也可能是類似狀況。

應收款／應付款比率

從各公司的營運資金管理和結構等特定比率,可以進行更詳細的分析。例如客戶賒銷和供應商賒貸的關係,能從交易借方和貸方的關聯性計算而得。

交易應收款 ÷ 交易應付款

以上述四家公司為例,則為:

	百貨公司 (D)	食品零售商 (E)	重型貨物製造商 (F)	連鎖餐廳 (G)
應收款 ÷ 應付款	2.3	0.1	2.3	0.4

這項數據顯示,從供應商取得每100個單位的賒貸,百貨業者D公司、重型貨物業者F公司就得讓客戶賒銷230個單位,而連鎖餐廳G公司只需賒銷40個單位。食品零售商E公司更少,只需10個單位。

在正常情況下,這項數據每年應維持不變,如果差距變大或變得不規則,就代表公司的賒貸(銷)政策或業務狀況起了變化。

每日平均銷售與成本

另一個衡量企業短期現金流量和財務部位的指標,是每日

平均銷售（ADS）和每日平均成本（ADC）。較簡單的計算方法是，將總銷售額和銷售成本除以240，可表達每年的營運日數，若從廣義的分析，以365天做為分母也同樣有效。

大部分年度報告的損益表中都會列出銷售成本，一般包含購買支出，但不一定包括員工薪資及相關費用。如果分析時難以取得所有公司的銷售數據，也可以將總銷售額減去營運或交易收益，就能算出銷售成本的近似值。

單位：百萬美元

	百貨公司 (D)	食品零售商 (E)	重型貨物製造商 (F)	連鎖餐廳 (G)
營業額	1,000	1,000	1,000	1,000
日均銷售	2.74	2.74	2.74	2.74
銷售成本	650	920	840	620
日均成本	1.78	2.52	2.30	1.70

雖然比較日均銷售和日均成本能讓人大致瞭解公司每天的收入是否比支出多，但現實情況是，以季為交易單位的公司，在銷售旺季來臨前為囤積存貨，所需的成本會比平均值要高，只有在銷售旺季時收入才會高於平均值。

現金周期

若一併參照日均銷售、日均成本與資產負債表裡的其他資訊，就更能看出公司在現金周期或營運資金周期比率中的現金流向。

存貨

想瞭解公司現金壓在存貨的時間有多長，可以把資產負債表中的存貨金額除以日均成本，就可算出該公司持有存貨的平均天數。這裡使用日均成本，是因為該數據以較低成本或淨變現價值計算而得，沒有利潤的問題。如果使用日均銷售會低估天數。

單位：百萬美元

	百貨公司 （D）	食品零售商 （E）	重型貨物製造商 （F）	連鎖餐廳 （G）
存貨	75	38	193	10
日均成本	1.78	2.52	2.30	1.70
存貨周轉天數	42	15	84	6

持有存貨的時間越長，財務資源積壓在無利潤收益物品的時間就會越長；存貨天數越低，周轉速度越快。存貨每流通一次，公司就能獲利並創造現金。

在這個例子中，各公司平均持有存貨的天數為37天。就和預期結果一樣，重型貨物製造商F公司的比率最高，採買新鮮食品的連鎖餐廳業者G公司比率最低。但重要的是，這些公司和同業的比較結果為何。

檢視存貨效率的另一個方法，就是計算當年度的存貨周轉程度，也就是將年度銷售成本除以年底存貨。周轉率越高，代表一家公司管理存貨的效率越高。

然而存貨周轉率越高的公司，越可能發生存貨比率過低無法滿足顧客需求的情況。

單位：百萬美元

	百貨公司 (D)	食品零售商 (E)	重型貨物製造商 (F)	連鎖餐廳 (G)
銷售成本	650	920	840	620
存貨	75	38	193	10
存貨周轉率	9	24	4	62

這些數據可供瞭解各公司管理存貨的效率狀況。

交易應收款項

要瞭解提供給客戶（交易借方）的賒銷水準，可將日均銷售額作爲分母。交易應收款金額通常列在會計帳目的備註中，不會登錄在資產負債表的帳面上。

單位：百萬美元

	百貨公司 (D)	食品零售商 (E)	重型貨物製造商 (F)	連鎖餐廳 (G)
交易應收款	80	5	162	30
日均銷售	2.74	2.74	2.74	2.74
每日應收款	29	2	59	11

上例中的平均數值又稱爲信用期，通常是25天。在實際情況上，公司會在這段期間內借錢給顧客直到收回現金爲止，所以公司必須自行籌措必要的資金支應。

以百貨業者D公司爲例，假設現金用來購買存貨，而存貨在架上陳列了42天才賣給顧客，而顧客29天以後才付款，從銀行提領現金到實際收到款項，總計爲71天。對企業來說，

周期循環得越快就越理想。

　　假設D公司的日均成本是180萬美元，而且如果在一日內降低存貨比率，就會加速現金周期，也會提早一天達到獲利率，增加該年度的利潤，而且營業可用資產在出清一日存貨以後也減少了180萬美元。如果能於一天內向客戶催收現金，可用營業資產就會減少270萬美元，報酬率也跟著提高。

　　減少存貨或應收款項水準能降低營業可用資產並提高獲利，因而總資產報酬率就會增加。現金流量管理是否得當，和公司整體獲利的高低有直接關係。

交易應付款

　　交易應付款是指公司在該年度賒欠供應商的貨款。這和交易應收款一樣，都會列在會計帳目備註欄處，不會登錄在資產負債表的帳面上。由於交易應付款是列在資產負債表的成本裡，須除以日均成本計算。

單位：百萬美元

	百貨公司 (D)	食品零售商 (E)	重型貨物製造商 (F)	連鎖餐廳 (G)
交易應付款	35	76	70	75
日均成本	1.78	2.52	2.30	1.70
平均賒貸期	20	30	30	44

　　上例中，各公司向供應商要求的平均賒貸期（客戶賒銷期之反面）為31天。

計算周期

　　現金會從銀行流向存貨，再由存貨流向客戶手中，接著回到銀行手上。存貨供應商收回現金後，就完成整個現金周期的過程。綜合這三項比率可算出現金周期或營運資金周期。

　　　現金周期＝每日存貨－日交易應付款＋日交易應收款

單位：百萬美元

	百貨公司 （D）	食品零售商 （E）	重型貨物製造商 （F）	連鎖餐廳 （G）
存貨周轉天數	42	15	84	6
減				
賒貸期間	<u>20</u>	<u>30</u>	<u>30</u>	<u>44</u>
	22	−15	54	−38
加				
賒銷期	29	2	59	11
現金周期	51	−13	113	−27

　　平均現金周期為31天。最極端的兩個例子是重型貨物製造商F公司的113天，以及連鎖餐廳業者G公司的負27天。現在我們可以從頭檢視本章稍早提到的現金流量周期，並採用分析結果的平均數值。

　　各公司積壓存貨的平均現金周期為37天，貨品出售給客戶後，得再經25天才會收到現金，因此各公司應準備期增至62天的資金用來支應持有存貨和給客戶的賒貸期。由於各公司在供應商處享有31天的賒貸期，因此自己只需要準備31天的現金周期即可；供應商提供的31天賒銷期是公司平均營運資

圖8.2　上例中各公司的平均現金流量

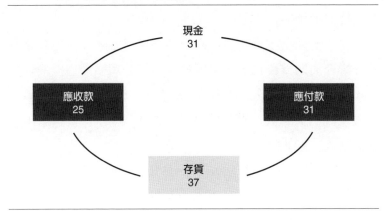

金的一部分。

　　從現金周期可以一窺各公司銷售成長時的短期財務狀況。平均現金周期為31天，代表一家公司每100美元的銷售中，有8.5美元需作為營運資金之用。

$$31 \div 365 \times 100 = 8.5$$

　　如果該公司計畫增加100萬美元的銷售，就需要增加8.5萬美元的營運資金支應。

利用貸方融資

　　利用貸方融資營業周期屬於正常的現象，至於使用短期貸方資金的程度，需視各產業可以接受的正常範圍、供應商可接受的範圍，以及該公司的財務管理政策而定。對零售業者、尤

其是食品零售商來說，利用貸方融資導致如現金周期爲負天數，這種情況並不罕見。

現金周期出現負數，代表公司善用貸方融資作爲營業資金。現金周期爲負10天，可解釋爲一家公司從銀行提領現金後，以存貨的方式放了10天再賣給客戶，客戶1天內就付清，前後共計11天。公司在付清供應商貸款以前，保留這筆現金連同投資孳息達10天。

不過大部分產業都不會出現負的現金周期，例如供應零售商的食品加工廠就有相當高的現金周期。

製造商持有的存貨通常比零售商多，以重型貨物製造商F公司爲例，84天的存貨裡就包括原料、半成品和成品。製造業和零售業不同，無法快速向客戶收取現金。F公司平均提供客戶59天的賒銷期，是百貨業者D公司的兩倍長，從零售商的平均賒銷期也可獲得證明；零售商的賒貸期通常就是製造商提供的賒銷期。最後，製造商從供應商取得的賒銷期，通常不會比零售商長，重型貨物F公司的信用賒貸期就和食品零售商E公司一樣長。

重型產品製造商的現金周期爲113天，代表該公司需要提撥同等的營運資金。不同產業會出現不同的比率標準。

現金周期也可以從平均期初和期末的存貨、應收款與應付款計算而得，也就是把每一項產品今年與去年的金額加起來除以2。以廣義的分析來看，很可能只要從最近一年資產負債表的年底金額就能計算出來。

評估現金部位

流動資產包括公司的年底現金餘額，流動負債也可顯示一些短期銀行貸款的資訊。這似乎有點奇怪，公司可以在資產負債表上出現現金餘額，另一方面也能顯示短期銀行貸款。這種情況其實很正常，尤其常見於集團公司的帳目上。如果子公司在控股公司的管理下，擁有獨立的銀行帳戶，就可能出現這家有短期銀行貸款、那家有現金餘額的情形。評估變現能力時，短期銀行貸款應與現金餘額一起計算，以取得淨現金值。

想從年度報告中取得一家公司管理貸款的詳細資訊並不容易。不僅如此，年底的短期貸款雖然列入流動負債中，並不代表全年的情況都是如此。

良好的現金部位有哪些要項？

現金太少可能產生無力償付短期債權人的問題；現金太多成為閒置資金，代表公司財務管理不周。如果現金無法為公司賺取額外收入，就毫無用處。雖然現金餘額存在銀行裡會生利息，但公司應該將錢投資在營業項目上，以賺取更多淨收入。

現金過多會讓公司成為掠奪者眼中的肥羊。一家頗受尊重且賺錢的公司，股價也水漲船高，但可能不會有可觀的現金餘額。所有現金都可能再投入營運以創造更多利潤。有些公司雖然獲利較少，但滿手現金，常淪為被併購目標。

運用不同的比率可以算出公司現金部位是否充足，如果知道持有之現金和短期投資的流動資產比率會更有幫助。短期投

資可以視爲與現金等值的項目。

　　前例中各公司總流動資產中的現金比例如下：

單位：百萬美元

	百貨公司 (D)	食品零售商 (E)	重型貨物製造商 (F)	連鎖餐廳 (G)
流動資產	305	78	650	270
現金	120	15	215	190
現金持有率（%）	39	19	33	70

　　公司的變現能力愈高，流動資產中現金或約當現金的項目所占比率就愈高。連鎖餐廳業者G公司年底持有的現金占流動資產的比率，幾乎是百貨業者D公司的兩倍；重型貨物製造商F公司和食品零售業者E公司的變現比都比較低。

　　瞭解公司持有現金或短期投資等流動形式的資金，在總資產比重所占的比例也有助益。

單位：百萬美元

	百貨公司 (D)	食品零售商 (E)	重型貨物製造商 (F)	連鎖餐廳 (G)
現金	120	15	215	190
總資產	850	600	980	1,130
現金持有率（%）	14	2	22	17

　　D、F和G公司在這個評量標準下的差異並不大。F公司每1美元的資產中，就有22美分是完全流動的資產，E公司的變現能力最差，總資產中只有2%是現金或短期投資。

想瞭解公司內部現金流動的速度，可經由年底銷售收入或平均值、和現金餘額來評估。

單位：百萬美元

	百貨公司 （D）	食品零售商 （E）	重型貨物製造商 （F）	連鎖餐廳 （G）
銷售收入	1,000	1,000	1,000	1,000
現金餘額	120	15	215	190
現金周轉率	8.3	66.7	4.6	5.3

現金周轉率愈高，公司的現金流通速度就愈好，對公司也愈有利，因為每完成一次循環，公司的獲利率就能提高。但是，不同產業有不同的現金周轉率，食品零售業的現金周轉率最快（一年66.7次），而重型貨物製造業最慢（一年4.6次）。

防禦期間

另一個衡量流動資產充足性的有效指標，是防禦期間。如果一家公司出現極端的現金部位，該公司很可能因各種理由停止現金流動或信用來源，如此一來，在該公司被迫尋找另一項融資來源支應債務以前，存續時間將受目前的現金餘額和短期投資能支撐營運的能力所限制。防禦期間的比率是將現金與投資除以日均成本。

現金及其等值物 ÷ 日均成本

公司變現能力愈佳，防禦期就愈長。

單位：百萬美元

	百貨公司 (D)	食品零售商 (E)	重型貨物製造商 (F)	連鎖餐廳 (G)
現金	120	15	215	190
日均成本	1.8	2.5	2.3	1.7
防禦期	**67**	**6**	**93**	**112**

　　由此可知餐廳集團G公司的變現能力最好，其防禦期也會排行第一。如果切斷G公司所有資金來源，理論上該公司在耗盡所有流動資源以前，應有能力維持將近四個月（112天）的基本營運。同樣情況下，食品零售商E公司只能維持一周。

　　計算防禦期的另一個方法，是利用每日平均的營業現金流出量，在銷貨收入扣除營業利潤、折舊因素也考量進去後，就可得到概略的營業現金流出額。也可以查閱現金流量表，看看是否有列出支付供應商現金和員工薪資的詳細資料。

　　在評估變現能力時，最後要注意，在資產負債表上的現金數值可以真實的反映公司年底時手中或銀行帳戶裡的現金，無需提供所使用的貨幣或實際持有的現金資料。

盈餘與現金流量

　　公司損益表上的利潤和年底可用現金數值之間並無短期關聯，例如，損益表上每年都會列出無損於現金餘額的折舊費用。現金部位和所申報盈餘會出現差異的原因如下：

- 營業活動。現金流入或流出與損益表的交易項目之間可能有時間落差。折舊等非現金支出則會被認列在損益表上。

- 投資活動。像是購買固定資產的資本投資、企業併購或撤資都會出現在資產負債表上，但不會出現在損益表上。
- 財務活動。增加資金或償還貸款將改變公司的財務部位，但不會影響損益表上的利潤。

在公司必須動用流動資產和流動負債以外的財務資源時，先前提過的營運資金周期就會被分散。公司做資本投資，或支付股東紅利、稅項或貸款的利息時，營運資金部位的現金就會跟著減少。

計算現金流量

現金流量難以操控，所以這是提供公司財務管理狀況（參閱第三章）的珍貴資料。現金流量表的數值最好以百分比顯示，特別是與幾個年份或公司比較時更有幫助，還能凸顯變動趨勢（參閱第五章）。

第六章探討在某些獲利能力比率及報酬率中，營業現金流量如何替代盈餘以協助評估公司的績效。

單位：百萬美元

	百貨公司 (D)	食品零售商 (E)	重型貨物製造商 (F)	連鎖餐廳 (G)
銷貨收入	1,000	1,000	1,000	1,000
營業現金流量	150	85	195	320
總資產	850	600	980	1,130
邊際現金流量（%）	15.0	8.5	19.5	32.0
現金流量報酬率（%）	17.6	14.2	19.9	28.3

　　不管哪家公司都希望現金主要來自於正常的營運。一般公司支應營運的方式，一部分受產業型態影響，一部分關乎於公司的成長和成熟度，例如連鎖餐廳業者G公司，就擁有最高的邊際現金流量（32%）及現金流量報酬率（28.3%）。能由內部產生現金的公司通常經營穩健，而新創且成長快速的公司，在各種現金流入來源之間，通常會有不同的餘額。

　　此外，除了從現金流量表以外，邊際現金流量和現金流量資產報酬率（CFROA）也能有效瞭解一家公司從營運產生現金的能力，這兩個數據還能一窺公司如何成功的把銷貨收入轉為現金。對D公司來說，每1美元的銷售收入中，就有15美分為現金流量，而G公司則為32美分。該比率愈高，對公司愈有利。

　　從現金流量表也可評估公司運用現有現金的狀況，包括這些現金是否真的用以納稅、支付股利，或是轉投資於公司所需的固定資產。與前一年數值比較的結果，能呈現一家公司的投資政策是否連貫。

　　現金流量表也會呈現公司的潛在問題。一般公司面臨成長困境或過量交易時，銷貨收入中的應收帳款比重將因延長客戶賒銷期而升高，同時，由於公司無力如期支付貨款，也會向供應商要求延長賒貸的期限，在這個過程中，現金餘額和短期投資將因現金耗盡而快速下滑。現金流量表中存貨、借方、貸方和流動資金的任何改變，都會反映公司對流動資金的管理是否合宜。

　　最後，現金流量表也可用來決定資金成本和借款是否一

致，而且維持在適當的水準，最好能瞭解公司每年利用現金流量來支付股利和借款利息的金額，占現金流量的比重有多少。

摘要

- 研讀年度報告、發覺公司當年度有盈餘，而且在年底戶頭還有幾百萬現金，這些並不足以證明公司沒有風險。

- 資產負債表及現金流量表是瞭解一家公司短期財務部位的關鍵數字。年底的短期資產和負債會列在資產負債表上；現金流量的細節及用途則見諸於現金流量表。現金流量表通常能初步呈現公司從營運產生現金的能力。

- 變現比（快速比）是衡量公司短期財務部位最簡單也最有效的方法。在此由於存貨不是能夠變成現金的項目，因此略過不提。其實從資產負債表就能算出當年度與前一年的變現比，變現比愈高，公司的短期營運就愈好。1：1的比例代表每1美元的短期貸方與借款中，公司就持有1美元的現金資產可供短期內變現。

- 在解釋這些數據以前，務必要將分析的公司與其他同業、同樣規模的公司進行比較。食品零售商或許能夠接受低變現比，但營造業卻無法忍受。

- 變現比並不是衡量公司獲利能力或創造現金流量的指標。現金流量正常且能獲利的公司，比表現較差者更不易遭遇短期財務問題，儘管兩者的變現比可能相同。流動變現比則是綜合公司變現比與創造現金流量的有效工具，流動變

現比中的天數愈低，公司的短期變現能力和償債能力就愈好。對大部分公司來說，如果公司的流動變現比天數超過1,500天（4年），不啻是一記警鐘。

- 變現比和流動變現比能直接顯示公司的短期財務部位，但如果想更全面的瞭解公司的變現能力和財務管理，就得仔細研究至少最近兩個年度的現金流量表。如果公司從營業創造的現金收入（盈餘加上折舊額）與主要的資金來源不一致，應找出原因，以決定這種情況會持續下去的假設是否合理。

- 現金周期可以協助瞭解公司如何藉由存貨、客戶賒銷和供應商賒貸以管理現金流量。現金周期愈快，積壓在營業資產的現金就愈少，而且現金周期每完成一次，公司就能獲利，達成的報酬率也愈高。

第九章

資本結構與價值衡量

在全盤評估公司的財務狀況時，另一個重要的部分是它的資本結構，以及提供資金者如何評價它。本章分析資金的來源和投資人運用的績效評估標準。分析公司財務狀況很好用的起步是，以資產負債表作為檢驗公司資金來源的根據：由股東和其他來源所提供的資金占總營運資本的比率。

權益與債務

資產負債表有三個主要負債類別：權益（股東的資金）、非流動負債（長期債權人）和流動負債（短期債權人）。它們分別反映三個任何公司都可取得的潛在資金來源。資金可以向股東籌集、透過長期或短期借款，或透過營運資金的管理。任何形式的資金籌措——債務或權益——都以「財務工具」的方式完成。

股東貢獻的公司資金可能有許多名稱：

- 權益
- 淨值

- 淨資產
- 資本與準備
- 股東（持股人）資金

權益是最常被用來稱呼一般股東對公司投資的名詞。資產負債表上的權益數字，可能包括公司發行的優先股或其他無投票權的股票，但這類股票不應包含在權益的定義中。權益代表「一家實體的資產減去其負債的剩餘利益」。

任何非屬權益的融資都被稱為債務，而債務可分成長期和短期的借款及債權人。期間不到一年的借款屬於流動負債，屬短期性質。長期借款屬於非流動負債。附註應詳列它們應償還的日期和利率。

權益股票提供一家公司長期資金，通常它們不可贖回，且不保證一定有附帶之股利支付帶來的收益。債務通常有固定的借款期間和固定的利率。債務必須支付利息，且到期間屆滿必須償還借款本金。權益並不保證償還資金，而股利的支付則由公司控制。債務與權益的關係對評估公司的財務結構和生存能力極為重要。

財務槓桿

從外部來源籌措資金會增加風險，因為就借款來說，必須負擔成本（利息）和償還借款的義務。如果是可轉換借款，它可能在新股發行時導致既有股東對公司的控制權稀釋。

　　債務與權益的關係被稱作財務槓桿。管理團隊應確定經營事業的債務與權益保持適度的平衡。高槓桿意味公司的債務太多，而低槓桿公司則主要由股東提供資金。債務對權益的比率愈高，股東得不到股利或無法拿回所投資資本的潛在風險就愈高。債務的利息必須比股利優先支付，且所有借款必須清償完後，股東才能分得剩餘的資產。

負債／權益比率

　　內部（權益）與外部（債務）資金來源的關係可以用比率表達：負債／權益比率。

單位：美元	A	B	C
權益	250	500	1,000
非流動負債	500	500	500
流動負債	250	250	250
利息	50	50	50

　　負債／權益比率＝（非流動負債＋流動負債）÷權益

上面三家公司的負債／權益比率為：

	A	B	C
%	300	150	75
倍數	3	1.5	0.75

　　負債／權益比率是最常用來衡量內部與外部資金關係的標準。A公司的權益為250美元，債務為750美元，其負債／權益比率為3或300%。這可以解釋為股東每投資公司1美元，就

有3美元的對外借款和債權人。C公司每1美元權益只有0.75美元債務。因此A公司是財務槓桿最高的公司。

另一個方法是以長期借款——屬於非流動負債——作為分子，並把它加上權益作為分母，以得出一個長期負債比率數值。

長期負債比率＝長期借款÷（長期借款＋權益）

	A	B	C
%	66.7	50.0	33.3

定義負債與權益

財務槓桿沒有標準的定義，而且區別權益與債務在實務上相當困難。雖然債券或銀行貸款顯然是負債的一部分，但可轉換貸款有固定利率、且可以在約定的未來日期償還或轉換成權益股票，又該如何歸類？

看資產負債表及其附註有可能辨識一家公司的所有長期與短期的借款，剩下來的是其他非流動負債（包括稅與準備）和其他流動負債（包括應收款項、應付稅款和準備）。你可以把計算出來的負債／權益比率用在任何分析。財務分析的重要法則之一是保守：當檢驗的項目有疑問時，應把它當成負債。

約定償還債務的日期是解讀財務槓桿的重要影響因素。任何約定償還日期超過一年的借款都屬於債務。一家五年內不必償還借款的公司，其評價一定與必須兩年內償還債務的公司不同。兩家公司的財務槓桿比率可能相同，內涵卻可能不同。伴

隨財務報告的附註必須提供償還債務的條件和利率等詳情。

資產負債表外項目

若公司籌措資金或取得資產時，資產負債表沒有改變，就可能牽涉到資產負債表外交易。資產負債表外項目並沒有特別之處：交易不反映在資產負債表並不必然代表可疑。資產負債表外項目在1990年代引起很大爭議，許多財務專家提供各式各樣的資產負債表外項目，協助公司減少揭露成本與財務風險。它們完全遵循一般公認會計原則的要求和會計準則，但卻規避反映眞實的財務狀況。

合資企業是資產負債表外財務的好例子。兩家公司（X和Y）設立一家合資企業，各投資100美元在新公司（Z），各持有50%股權。它們共同爲1,000美元的銀行借款作擔保，用於公司Z的營運。X和Y的資產負債表只顯示投資100美元在該合資企業。1,000美元借款的負債並未出現；它是資產負債表外項目。根據權益法估計，這100美元會隨著X和Y投資更多錢在Z，或合資企業開始賺錢而增加。兩家公司各把50%的Z列入資產負債表。

公司資產負債表上資產愈大、負債愈小，持有人就愈快樂。銀行借款給公司時希望把風險降到最低；它可能規定貸款公司負債／權益比率（槓桿）的上限。如果公司超過上限，銀行可能要求立即償還貸款。同樣的，分析師爲了衡量信用，可能設定公司的槓桿不能超過「安全」水準。在這類例子中，管理團隊承受把資產負債表上的負債最小化的壓力。對X公司和

Y來說，實際上它們的負債水準增加了500美元，但從它們資產負債表的負債／權益比率卻看不出來。

　　會計準則大幅限制了資產負債表外項目的操作空間；法律也扮演部分角色。美國有沙賓法案，而從2008年起，英國公司也必須揭露資產負債表外項目的潛在影響（2006年公司法）。當發現這類項目存在時，應把它們納入公司負債的內容，以供分析。

負債比率

　　負債比率提供衡量公司財務槓桿的簡單方法。

負債比率＝總負債 ÷ 總資產

	A	B	C
%	75	60	43
倍數	0.75	0.60	0.43

　　負債比率可直接從資產負債表計算，或從共同比報表（common size statement）計算。比率愈高，財務槓桿就愈高。50%的比率通常被視為公司槓桿水準安全的上限，表示每1美元資產中就有0.5美元靠長期和短期債務融資。A公司的槓桿很高，有75%的總資產由債務提供資金；C公司的槓桿較低，只有43%。

利息覆蓋率

　　年度的獲利必須先支付債務的利息，剩下的才可分配給股東。外部借款增加會提高財務槓桿和增加損益表上的利息。一

且有借款，利息支付必須使用現金，本金則要在約定日期償還。公司若未創造足夠的獲利以償付利息，或沒有足夠的現金償付借款，將面臨重大困境。

有一項比率可結合獲利能力和財務槓桿的關係，即利息覆蓋率。這項比率可衡量公司是否有能力創造足夠的利潤，以支付所有借款的利息。其計算是把息前稅前獲利（PBIT），除以該年應支付的利息。息前稅前獲利的數字應不包括任何例外或特別項目，因此它代表從例行營運創造的獲利。

利息覆蓋率＝息前稅前獲利÷支付的利息

計算比率時，利息是指在財報年度間必須支付的利息；分析時也應注意把已資本化的利息、或已被扣除的利息收入，加回損益表上呈現的數值。這些資訊將可在損益表與現金流量表伴隨的附註找到。

單位：美元	A	B	C
息前稅前獲利	200	100	400
利息	50	50	50
利息覆蓋率	4	2	8

利息覆蓋率愈高，公司出現獲利不足以支付股東股利的風險就愈低。C公司的利息覆蓋率最高；它的獲利可以減少八倍，才會無法支付到期的借款利息。C公司的利息覆蓋率相對較高，部分原因是它的獲利能力，部分原因則是它的財務槓桿：C公司的槓桿最低。

利息覆蓋率可用來評估獲利能力改變對股東無法獲得股利的影響。就 B 公司來說,獲利減少 50% 將導致公司支付不出股利。息前稅前獲利的每 1 美元都得用來支付利息。若在相同情況下,且不考慮稅的因素,C 公司將有 150 美元可用來支付股利。

單位:美元	A	B	C
息前稅前獲利	100	50	200
利息	50	50	50
稅前盈餘	50	0	150

高槓桿的優點

簡單的算術就能看出公司可以善用外部融資來源。如果把一筆 10% 利息的借款投資在預期可創造 20% 報酬率的事業,股東顯然可從中獲利。股東無需增加投資就可提高報酬率,不管是透過增加股利或增加資本,或兩者兼而有之。

前面已考慮過獲利減少 50% 的情況,但若獲利增加一倍呢?在不考慮稅項下,B 公司可分給股東的獲利可增加 300%,利息覆蓋率從 2 提高到 4 倍(200 美元÷50 美元)。

單位:美元	A	B	C
息前稅前獲利	400	200	800
利息	50	50	50
稅前盈餘	350	150	750

如果公司自信投資營運增加的利潤可彌補外部借款的成本時,提高槓桿就言之成理。有一項舉債的誘因是,利息通常可

以抵稅，但股利不能。高槓桿增加了與投資有關的風險，但它可以提供股東高報酬。

資產槓桿和股東權益報酬率

在第六章和第七章，我們使用1919年發展出來的杜邦圖（Du Pont Chart）分析獲利能力和效率。以利潤和資產週轉可計算出資產報酬率。同樣的，用稅後純利可計算出股東權益報酬率（ROE）──這是公司績效的一項重要指標。

股東權益報酬率＝（稅後純利÷資產）×（資產÷權益）

單位：美元	A	B	C
稅後純利	75	25	175
總資產	1,000	1,250	1,750
權益	250	500	1,000
股東權益報酬率（%）	30.0	5.0	17.5

把這個模型稍加擴充，就能有效地用來評估槓桿對公司股東權益報酬率的影響。公司的資產融資方式可藉由資產槓桿比率來評估（有時稱作股東權益乘數）。這項比率與債務比率直接有關，可確認由股東提供的資產或營業資本的比率。在你的分析中，資產可以定義為總資產，或以你想在分析中持續使用的任何方式來定義──有形營業資產或淨營業資產。

槓桿的影響可以清楚看出，槓桿愈高，這個比率也愈高。

資產槓桿＝資產÷權益

單位：美元

	A	B	C
總資產	1,000	1,250	1,750
權益	250	500	1,000
資產槓桿	4	2.5	1.75

A公司的股東只提供占總資產四分之一的資本在營業上。A公司的每1美元權益就有3美元債務和債權人融資（750÷250美元）。C公司只有0.75美元（750÷1,000美元）。這可以視為股東想增加投資獲利的乘數。計算稅後盈餘時都得扣掉所有應付利息。如果兩家公司有相同的總資產和稅後盈餘，資產槓桿較高的公司會顯示較高的股東權益報酬率。

舉債營業可以提高股東的報酬。A公司的每1美元權益就有4美元的資產。這可用來提高可分給股東的獲利。稅後利潤率（7.5%）乘以資產槓桿比率（4），結果是30%的股東權益報酬率。C公司的利潤率較高（8.75%），但資產槓桿較低（1.75），得到的股東權益報酬率為17.5%。

股東權益報酬率是三個比率計算的結果。

股東權益報酬率＝

（利潤÷資產）×（營收÷資產）×（資產÷權益）

假設三家公司的營收都是2,000美元，各項比率為：

單位：美元

	A	B	C
利潤÷資產	3.75	1.25	8.75

營收÷資產	2	1.6	1.14
資產÷權益	4	2.5	1.75
股東權益報酬率（%）	30.0	5.0	17.5

如果B公司和C公司提高槓桿到和A公司一樣的水準（4），B公司的股東權益報酬率將提高到8%（1.25×1.6×4），C公司則為40%（8.75×1.14×4）。這顯示出槓桿對股東報酬的影響。

這些比率的結合，可作為輔助分析公司報酬率和財務結構的有效工具。資本結構的衡量標準，結合了製造利潤的能力（利潤率），以及利用資產創造營收的能力（資產報酬）。它也可用來評估營業可能發生的改變──如果利潤率下滑和槓桿增加會變成怎樣？

高槓桿的危險

公司愈仰賴負債，對財務的控制力就愈弱，風險也愈高。高槓桿的公司可能發現，當公司缺少現金或需要錢投資在資產時，要求銀行接受改變貸款協議條款，會比要求股東接受較低、甚至沒有股利更困難。

高槓桿可能導致可分配給股東的利潤起伏不定。對高槓桿的公司來說，獲利小幅變化可能對股東收益造成大幅影響。獲利小幅下滑可能導致公司必須把所有獲利用來償債，而不能用來支付股利。

在營運大好時，公司可能認為提高槓桿不僅吸引人，而且非如此不可。公司若不借更多錢在賺取高於借貸成本的報酬，

會被視爲財務管理不良。在通貨膨脹時期，債務的實質成本下降，這種壓力可能令人難以抗拒。不過，如果景氣減緩，而且／或步入衰退，獲利下滑、利率升高和貸款清償日期迫近，將使高槓桿的公司面臨難關。

許多銀行在2007年信用危機遭遇的問題，凸顯出與高槓桿有關的潛在問題。假設A公司發現總資產10%的次級房貸已變成毫無價值，資產的帳面價值將變成900美元，股東的資本減少爲150美元。負債比率從75%提高到83%（750美元÷900美元），而負債／權益比率從4倍變成5倍（750美元÷150美元），充分顯示公司已陷入困境。

另一個高槓桿與生俱來的危險是，債務提供者看到槓桿升高時，可能會設法減少自己的曝險，並堅持貸款協議要加入一些限制，例如槓桿上限，或更嚴苛的利息覆蓋率或流動性。公司對財務的管理將喪失一些控制權和彈性。如果公司違反貸款限制，可能被視爲違約，並被迫立即償還貸款。

股價與價值

在英國，股票通常以票面價值發行。股票的票面價值是它發行並呈現在資產負債表上的名目價值。一家公司可能發行25便士或1英鎊的股票，資產負債表上呈現的就是這個數額，而不是它的市價。當股票以高於票面價值的價格發行時，其差額將以股票溢價顯示在權益項，即超過票面價值的資本。股票的票面價值與財務分析無關。在美國，公司常發行無票面價值的股票。

　　整體來說，股價反映未來的觀點，而非年度報告呈現的歷史觀點。我們不應期待資產負債表反映股票的市值。股票交易所報的股價才是投資的價值。報紙上會刊載股價和前一天的股價波動，以及一年來的股價高低點。

　　許多因素會影響公司的股價。有些很明確且可以量化；有些則較不明確和影響短暫。一家發出獲利預警的公司可以預期股價會下跌。併購的傳聞、科技突破、董事會改組、大訂單或喪失訂單，都會影響股價。股價一部分受到市場整體氣氛的影響，而市場氣氛則與國家和全球的經濟、政治和社會環境息息相關。整體的樂觀氣氛創造出多頭市場（股價上揚），悲觀則造成空頭市場（股價下跌）。

　　為什麼昨日的股價上漲5%？這個問題只有一個大家都同意的答案：任何市場交易員都知道，是因為買家比賣家多。

　　推動股價的主要力量是投資人對公司未來創造獲利的信心改變。投資人可能根據公司過去的績效買進股票，但是否繼續持有股票則取決於未來的報酬：收益和資本利得。

　　公司營運的產業也會影響股價。如果該產業被認為成長遲緩，勢必抑制股價的漲幅；反之，充滿活力和蓬勃發展的產業會帶動股價上漲。

　　股票交易所都有自己的股價指標。在英國，富時100種股價指數涵蓋最大的100家上市公司的股價，是市場絕佳的即時指標，富時100上漲就能代表整體股市攀升。美國有道瓊與那斯達克指數，法國有CAC40指數，德國有DAX指數，中國則有上海綜合指數。

貝塔值

在任何期間，公司股價與某個股價交易所指數的波動都可畫成圖形，顯示這家公司的股價對整體市場波動的敏感度。在英國使用富時100指數，在美國則使用紐約證交所綜合指數（涵蓋在證交所上市的所有股票）。貝塔值（beta）背後的統計分析相當複雜。它是把一檔股票的收益和資本利得，拿來與特定市場指數在數年間的報酬率做比較。貝塔值併用資本資產訂價模型（CAPM），可用來量化公司權益的價值。如果一檔股票的波動和市場完全一致，得到的值將是1，即所有公司的平均值。這個值稱做公司的「貝塔」——貝塔值或貝塔係數。從這個值可判斷一檔股票相對於市場的波動程度。

如果股票市場每波動1%，一家公司股價就波動1.5%，那麼以1.5的係數用在股市指數上，應該能作為估算該公司股價的指標。貝塔值1.5意味市場每波動1%，該公司股價應會波動1.5%。如果市場的波動性與對經濟的預期有直接關聯，高貝塔值的公司較可能受到經濟榮景或衰退的影響。在經濟好時，高貝塔值的公司可預期會創造極佳的報酬，但在衰退時，它們可能表現較差。一家低貝塔值的公司可能較不受經濟環境改變的影響。政府股票或公債的貝塔值為零，其利息收入不受股市波動影響。

貝塔值愈高，波動性愈大，公司的風險溢價（risk premium）就愈高。風險溢價可視為投資人從投資股票中預期的額外報酬。低風險（即低貝塔值）的股票沒有或只有少許風險溢價。如果平均風險溢價（市場風險溢價）為5%，而公司

的貝塔值爲1.5，其股票可預期有7.5%（5×1.5）的風險溢價。

每股淨資產與市値／帳面價値比

公司結束營業時，若以資產負債表上登錄的金額出售資產，在清償所有外部負債後剩餘的即淨值或淨資產，也是可用來支付權益股東的金額。因此我們可計算每股淨值率，以便了解支撐股價的資產價值。每股淨資產愈高，股東的風險就愈低。

資產後盾（asset backing）＝淨資產 ÷ 發行股票數

單位：美元	A	B	C
總資產出售價值	1,000	1,250	1,750
減			
債務	500	500	500
流動負債	<u>250</u>	<u>250</u>	<u>250</u>
淨資產	250	500	1,000
發行股數	250	500	1,500
每股淨資產	1.00	1.00	0.67
股價	3.00	1.00	1.50

大多數公司的每股淨資產比目前股價低，理由很簡單，公司資產的實際價值會比資產的帳面價值高。同樣的道理也適用在比較公司的總股票交易價值（股票市值）與資產負債表登錄的淨資產價值（帳面價值）。這就是市值／帳面價值比（market to book ratio）或市價／帳面價值比（price-to-book ratio），通常會大於1。如果小於1，反映投資人對公司成長或績效改善的預期很低。

　　對2007年金融危機前的大部分美國公司來說，這個比率接近5:1，即以資產負債表上1美元的資產來支撐5美元的股票交易價值。無形資產在這個比率扮演重要因素。通常網際網路公司的每股淨資產很小，但市值對帳面價值比很高。

　　當股價低於淨資產後盾（net asset backing）時，可從幾個方面來解釋：可能是公司的績效比同業差，且普遍認為這種情況會持續下去，導致較少人想買這檔股票。當每股淨資產遠高於公司股價時，代表投資人對公司前景已不抱希望，且幾可確定將成為併購的目標。2007年的金融危機便出現許多這類例子。

粉飾盈餘

　　衡量公司績效常見的方法是每股盈餘（EPS）。這項比率的計算方法是，把年度的稅後盈餘減去少數股權和無投票權股股利後，除以該年的加權平均股票數（參考第六章）。這項比率也常被用做管理團隊獎勵計畫的績效標準之一。

　　不難理解的是，公司經理人希望看到獲利連年平穩成長，而非出現起伏不定的變化。如此可顯示營運狀況良好，能呈現成長趨勢的獲利，對安撫投資人也大有幫助。

　　假設X公司和Y公司達成相同水準的獲利。X公司呈現出平穩的獲利成長，但Y公司的獲利模式卻波動很大。投資人會偏好X公司。雖然獲利能力相同，投資X公司顯得較有把握（風險較低）。這就是一般人說的比較公司的「盈餘品質」。

　　粉飾盈餘（smoothing earnings）是普遍被接受的做法，目的是讓盈餘呈現向上的趨勢，而不致出現峰谷交錯的劇烈波

圖9.1　達成相同獲利的不同途徑

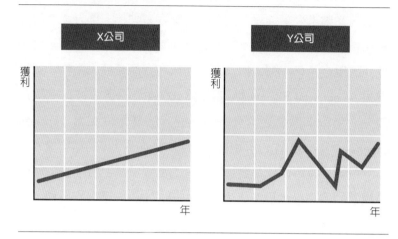

動。如果有選擇的話，大多數公司寧可看到獲利在幾年間逐年
增加。粉飾獲利的做法很讓公司心動，平穩的獲利趨勢顯示管
理團隊能有效和完全掌控營運。

創造性獲利

　　經理人可能忍不住在呈現財報時變得很有創造性，尤其是
當公司的績效攸關他們的個人利益時，例如達成績效目標時可
獲得股票選擇權、佣金或紅利。

　　獲利可藉許多有創造性的方法來粉飾，例如，改變折舊政
策或支出資本化。在財務報表上認列一樁交易時，就是考慮粉
飾獲利的時機。如果一個創造大筆獲利的事件不登錄在年度的
帳冊上，而移到次年，便可有效粉飾財務報告的獲利。這是德
國公司常見的做法。

　　要立即創造獲利遠比把獲利從今年移到明年困難。高獲利的公司在對未來營運沒有把握時，很容易動起把部分現在的獲利保留到來日認列的念頭。這時候將產生一筆準備。假設100美元的現金銷售不列入損益表，而放在資產負債表當作「遞延收益」（deferred revenue）。明年這100美元收益才被列在損益表，而那筆準備隨之消失。另一種方法是預付支出（pre-pay expenses）：以現金支付明年的支出，並列為今年的銷售成本。

　　但這類技巧可能都難逃審計者的法眼。截至目前操縱準備最極端的例子是世界通訊公司（WorldCom），浮報的獲利金額高達約30億美元。

　　退休基金會計、資產負債表外融資、操縱準備、年終庫存估價，以及壞帳處理，都可用來粉飾獲利和影響資產負債表價值。IFRS和許多「監督」組織的持續努力，已使這類漏洞逐漸減少，但你永遠必須保持警覺。

　　要永遠根據你自己對公司的分析作為評估的基礎，絕不要依賴年度報告提供的現成分析。許多提供財務分析的商業資料庫不加篩選地使用財務報告的數字，就算術來說可能很完美，品質卻極其低落。

風險與還本期

　　計算風險常用的一個簡單方法是還本期（payback period）。還本被用於評估投資計畫，用來判斷一個計畫需要多久時間可以創造足夠的收入來償還資本投資。還本期愈短愈好。1,000美元的投資提供每年100美元收入，還本期為10

年。投資人可選擇把這1,000美元投資在每年200美元收入的另一項計畫。還本期五年的計畫顯然比第一個選擇更吸引人。

本益比

公司的每股盈餘可併用一個類似衡量還本期的方法：本益比（price/earnings ratio, P/E）。股價取決於投資人對公司未來盈餘能力的看法，其重要性不下於任何其他因素。以每股盈餘（最近一次的財務報告）比較目前的股價，可作爲預期公司未來績效的指標。

本益比＝股價 ÷ 每股盈餘

單位：美分	A	B	C
股價	300	100	150
每股盈餘	30	5	11.7
本益比	10	20	12.9

對A公司來說，本益比10代表：以300美分買進的股票，每年的盈餘爲30美分，換言之，還本期爲10年。

本益比愈高，投資人對公司未來展望和績效的信心就愈高。高本益比表示投資人有信心公司在來年會維持甚至提高目前的績效。

本益比高或低？

決定公司的本益比是高或低，唯一的方法是與其他公司比較。金融媒體會按產業別刊載企業的本益比數字，本益比最高

的公司是投資人在當天認爲該產業績效前景最好的公司。

　　由於本益比的計算中每股盈餘相對於股價高低，因此本益
比受到預測、傳聞或當時的市場氣氛影響。一家某一年在類股
中本益比最高的公司，在另一年卻因經濟衰退或管理不良而倒
閉的情況屢見不鮮。就定義來說，高本益比可能代表投資該公
司已經太遲，因爲股價已經太高。它也可能代表公司股價已經
高估。經驗顯示，高本益比意味股價很可能開始下跌。

　　比較公司與同業或特定競爭者的本益比水準可能很有用。
假設類股的平均本益比是15，下表呈現三家範例公司的相對地
位。

	A	B	C
實際本益比	10	20	12
平均本益比	15	15	15
相對地位	**67**	**133**	**80**

預估本益比

　　如果對公司未來可能的獲利作預測，就能提供一個數字來
計算未來可能的本益比。假設A公司明年的獲利將成長20%，
稅後盈餘將提高到82.5美元，每股盈餘爲0.33美元。如果以目
前股價除以預測的盈餘（300÷33），將可得出預估本益比爲
9.1。預估本益比是算術的產物，不受眞實情況的影響。

　　如果下列算式有未知的項目，應可輕易找出其數值。

股價＝每股盈餘 × 本益比

$$300 = 30 \times 10.0$$
$$330 = 33 \times 10.0$$
$$300 = 33 \times 9.1$$

就 A 公司來說，在只能調整算式中一個變數的情況下，假設每股盈餘預測為 33 美分，股價漲至 330 美分。如果股價維持在 300 美分，每股盈餘為 33 美分，則本益比降至 9.1。預估本益比只能估計，但是若已有盈餘和本益比的預測，則可用來指示未來股價可能的波動。如果 A 公司每股盈餘預測為 33 美分，且認為公司的本益比應該是 12，就可計算未來可能的股價如下：

未來股價＝預測每股盈餘 × 預估本益比
$$396 = 33 \times 12$$

本益比的問題

在大多數情況下，被用於分析的本益比是由報紙提供，而非由使用者自己計算。這會產生一些問題。報紙刊載的本益比採用的盈餘通常來自公司的損益表，因此可能是以創造性的方法泡製而得。此外，算式的一邊是過去的盈餘，因此不保證與未來的績效相符，而另一邊則是目前的股價，在證券交易所也是時刻在改變。併購的傳聞或產品發展的重大技術突破，都不會改變過去的盈餘，但一定會對股價造成影響。

股利

公司通常每年發放兩次股利（dividends）：根據半年獲利

情況發放的期中股利，和年底的期末股利。股利會出現在股東權益表和現金流量表。

　　投資人視股利爲目前績效和未來獲利的指標。增加股利意味公司的經理人認爲營運前景良好。股利也對市場發出訊息，增加股利被視爲利多，往往能推升股價；反之，減少股利是利空。

每股股利

　　每股股利（DPS）的計算方式與每股盈餘類似，以當年度的總股利除以加權平均發行股數即可。

每股股利＝股利÷加權平均發行股數

	A	B	C
股利（美元）	25	20	87
股數	250	500	1,500
每股股利（美分）	10	4	5.8

　　記住，和每股盈餘一樣，不同公司的每股股利也無法直接比較。股利相同、但股權結構不同的公司，每股股利就不會相同。

每股保留盈餘

　　當年度可分配給股東的盈餘爲已知時，下一步就是決定應發放多少股利，以及盈餘中有多少應保留供公司使用。如果把每股盈餘減去每股股利，剩下的就是當年度的每股保留盈餘。

每股保留盈餘＝每股盈餘－每股股利

（每股美分）	A	B	C
盈餘	30	5	11.7
股利（美元）	10	4	5.8
保留盈餘	20	1	5.9

股利覆蓋率

把可分配給普通股股東的稅後盈餘除以股利，得出的數值就是股利覆蓋率（dividend cover）。和利息覆蓋率一樣，股利覆蓋率愈高，公司的財務狀況就愈好或愈安全。不過，可被接受的水準在各個產業不盡相同。如果公司營運的產業相當不受經濟景氣影響，例如食品製造和零售業，較低的股利覆蓋率也可被接受，因為風險較低。

$$股利覆蓋率＝稅後盈餘 \div 股利$$
$$＝每股盈餘 \div 每股股利$$

	A	B	C
稅後盈餘	75	25	175
股利	25	20	87
股利覆蓋率	3.0	1.25	2.0

股利發放比率

另一個衡量股利發放安全水準的方法是，計算發放給股東的盈餘比率。

$$股利發放比率＝100 \div 股利覆蓋率$$

	A	B	C
股利發放比率（%）	33	80	50

　　股利發放率愈高，股利覆蓋率就愈低；這只是以不同方式表現盈餘用來發放股利的比率。股利發放率高的公司保留盈餘供再投資於營運的錢較少。你應該追問爲什麼。是管理團隊對未來營運展望沒有信心，還是他們著重短期以股利來讓股東滿意，而不把盈餘用在公司長期成長所需。

毛股利

　　公司是在扣除稅後才將淨股利支付給股東。爲了比較其他投資機會，可以把稅加回去以計算出每股毛股利（gross dividend per share）。A公司的每股股利爲10美分，如果稅率爲20%，毛股利則爲12.5美分；2.5美分用來繳稅，其餘發放給股東。

$$毛股利＝股利 \div （1－稅率）$$

盈餘收益率

　　如果想計算投資報酬的動態情況，可把目前的股價和每股盈餘結合起來，算出盈餘收益率（earnings yield）。

$$盈餘收益率＝100 \times （每股盈餘 \div 股價）$$

	A	B	C
每股盈餘（美分）	30	5	11.7
股價（美分）	300	100	150
盈餘收益率（%）	10	5	7.8

　　盈餘收益率不是實際投資報酬率的指標，它根據每股盈餘計算，而非股東獲得的股利。如果本益比為已知，就很容易算出盈餘收益率。B公司的本益比為20，盈餘收益率為5（100÷20），C公司則為7.8（100÷12.9）。

股利收益率

　　股利收益率把目前的股價連結到獲得的股利。

股利收益率＝100×（每股股利÷股價）

	A	B	C
每股股利（美分）	10	4	5.8
股價（美分）	300	100	150
股利收益率（%）	3.3	4.0	3.9

　　股價若變動，股利收益率隨之改變。當股價變動時，股利收益率會自動調整，例如下表呈現的A公司，其股價在150美分和600美分間變動。

	A	B	C
股利（美分）	10	10	10
股價（美分）	300	150	600
股利收益率（%）	3.3	6.7	1.7

股東報酬率

　　股東預期從投資股票獲得的報酬，包含了股價上漲帶來的資本利得與股利收入，即股東的總報酬（TSR）。股價變動

是股東總報酬的一部分。如果Ａ公司股價上漲10%，該期間股東的稅前總報酬為30%；即股利收益率（20%）加上資本利得（10%）。如果Ｃ公司的股價在該期間下跌5%，股東總報酬率為負1%。

　　若要計算目前或未來可能的投資報酬率，可以將兩者加起來。如果Ａ公司股價預期會漲至396美分，而每股股利可達12美分，那麼未來可能的報酬率估算如下。

資本報酬率　＝ 100×（股價變動÷期初股價）
　　　　　　＝ 100×（96÷300）
　　　　　　＝ 32%
股利收益率　＝ 100×（每股股利÷股價）
　　　　　　＝ 100×（12÷300）
　　　　　　＝ 4%
總報酬　　　＝ 32＋4
　　　　　　＝ 36%

公司估價

　　有許多方法可以計算出一家公司的價值。年度報告可用作估價的基礎；資產負債表提供所有資產與負債的詳細資料，但其目的並非為了估算公司價值，因此只能當作參考。唯一精確而無可爭議的公司估價時機，是在它剛買來或賣出時。在其他時候，公司的價值只能靠一半科學、一半藝術的估算。

資本總額

如果公司股票在證券交易所掛牌，就有現成的估價資料來源。把每股的市場價格乘以發行股數，可得出公司在證券市場目前的價值。這就是市值，或公司的資本總值（capitalization）。

	A	B	C
股價（美分）	300	100	150
股數（股）	250	1,000	1,500
資本總額（美元）	750	1,000	2,250

A公司的資本總額為750美元。如果想收購該公司，750美元可能是收購價格的較佳指標，比資產負債表中的資產（1,000美元）或權益（250美元）更有用。

金融媒體每天或每週刊載公司的資本總額數字，可做為目前的股票交易價值估算公司價值的基礎。在實務上，如果你決定收購A公司，在開始收購股票時，市場力量將推升股價上漲。750美元的資本總額提供了可能收購該公司的最低價格參考。

盈餘乘數

另一個計算公司資本總額的方法是盈餘乘數（earnings multiple），以稅後盈餘乘以本益比。A公司的本益比為10，稅後盈餘為75美分，相乘的結果是750美元的資本總額。

只有上市公司的資本總額可以立即計算出來。若要計算未上市公司的資本總額，可利用在同類產業營運的股票上市公司的本益比。在英國可利用《金融時報》（*Financial Times*），該

報每日按產業別刊載上市公司資訊，你可取三、四家同類公司
的本益比，或產業的平均本益比，作爲估價的基礎。

　　有了適當的本益比標準，就能計算出股價。例如，一家公
司的同業平均本益比爲16.6，該公司每股盈餘爲5美分，但沒
有股市的報價。

本益比　　　＝股價÷每股盈餘
股價　　　　＝本益比×每股盈餘
83.3美分　　＝16.66×5美分

　　利用同類產業的平均本益比，可計算出公司隱含的股價爲
83.3美分。通常不難找到一、二家有報價的公司，而且它們的
營業和規模與被估價的公司大同小異。

稅後盈餘與每股盈餘

　　利用產業平均本益比16.66，計算出一家公司的股票價格
爲83.3美分。這種估算是根據該公司創造、且可分配給股東的
稅後盈餘。這個數值不受發行股數影響，或在不考慮稅的情況
下也不受股利政策影響。因此用它作爲未上市公司的估價基礎
較理想，也較簡單。

　　如果以稅後盈餘25美元乘以本益比16.66，得出416美元。
這個數值再除以發行股數（500），得出相同的股價83美分。以
416美元作爲公司的估價較簡單和實用，但如果是一家私人公
司的家族成員間轉移股票，算出一股股票的價格可能很重要。

　　投資一家小型私人公司的風險，通常比買公開掛牌公司
的股票高。爲了彌補這種風險，估價私人公司使用的本益

比可能作適度數值的調整，這個數值就稱為風險溢價（risk premium）。如果決定的本益比為16.66，並採用35%的風險溢價，用以估價一家公司的乘數就是10.8（16.66扣除35%）。如果公司的稅後盈餘為25美元，採用乘數10.8將可得出270美元的估價，和54美分的股價（270美元÷500）。

如果只估算一家公司的部分股票將衍生更多問題。在這種情況下，上述方法的乘數可併用根據股票數量決定的折扣因子。例如收購5%的一批股票，折扣可能達60%，但若收購51%的公司股票，折扣可能只有10%到20%。

我們可以利用產業的平均水準，但在大多數情況下，有可能找到至少一家適合用來直接比較本益比的公司。如果有《金融時報》可供參考，一個較簡便的方法是使用富時公司（FTSE）的類股指數。若沒有方便的本益比資料來源，專家建議可採用10作為乘數，用在稅後盈餘上，以算出公司的參考價值。

股利估價方法

要是股票的價值就是其未來股利的現值，那麼就可用股利作為估價公司的基礎。基本公式是：

價格＝股利×（1＋股利成長率）÷（要求的報酬率－股利成長率）

可利用適當的折扣因子，算出預期股利流的現值。如果公司年度的股利為每股6美分，股利成長率預期為每年5%，而股東要求15%的報酬率，這家公司的股票可估價為63美分。

價值＝（6.0×1.05）÷（0.15 － 0.05）＝6.3÷0.1＝63美分

政府債券與報酬率

投資人應該會想知道投資機會的風險與報酬率的關係。風險愈低，要求的報酬率也愈低。投資人要求的報酬率直接影響公司的資本成本。風險愈高，要求的報酬率也愈高，公司要滿足投資人提供資金所需的股利和利息支付也愈高。參考零風險投資的報酬率是很好的著手處。

一般認為借錢給政府沒有任何風險，因為利率和到期日都固定而且確定。因此政府債券的報酬率可視為零風險投資的要求。投資股票等其他證券需要額外的報酬，以補償額外的風險。這稱為風險溢價。若以不可贖回債券（non-redeemable bond）來說，我們可藉類似計算股利收益率和盈餘收益率的方法，計算出其利息收益率。

單位：美元

債券價值	100	100	100
支付價格	100	50	200
利率（%）	5	5	5
利息收益率（%）	5	10	2.5

如果投資人發現別的投資報酬率比5%高，他們可能賣掉債券，把握住別的投資機會。賣出這些債券時，造成價格下跌（50美元），使利息收益率提高為10%。而當債券被認為是較好的投資時，價格上漲到200美元，利息收益率則下跌至2.5%。

　　除了政府債券外，媒體每天刊載的銀行基準利率，也可用作零風險報酬率的指標。

股權風險溢價

　　和零風險報酬率一樣，投資人可合理地預期投資股票的風險溢價。股權風險溢價（equities risk premium）在英國和美國證券交易所，通常介於5%到10%間。

　　在考慮投資私人、未掛牌的公司時，需要額外的溢價，因為通常風險比交易上市公司高。大體來說，需要至少25%的溢價來彌補投資未上市公司的風險。但許多估價專家建議溢價應該達到30%到40%。

資本成本

　　投資人對買公司股票的風險看法，決定了資本成本的高低。風險愈高，預期報酬率就愈高，募集資金的成本也愈高。在公司獲得盈餘前，必須先支應資本成本。公司須先支付借款利息才能計算出年度盈餘，但公司未必會先為股東提供的股權資本成本訂出適度的回報。

　　債務成本可從財務報告估算出來，其中的附註能提供借款利率的詳細資料。10%利率、50%稅率的情況下，借款500美元的稅後成本為5%；當稅率為40%時，借款的稅後成本為6%。通貨膨脹會降低債務融資的實質成本。若貨幣價值長期貶值，實質利率會隨之改變，借款到期償還的本金價值也會改

變。計算借款或不以面值發行之可轉換股票的眞實成本相當繁複，一般都是採用牌告利率作爲實質成本的粗估值。

　　估計股權成本的方法很多，其中之一是採用調整稅之影響的股利收益率。這只是粗估值，因爲並未考量股利收益率可能變動，和股價每日會變動。一個簡易的調整方法是，套用某個成長率在股利收益率上，或採用盈餘收益率。本益比愈低，盈餘收益率也愈低。高本益比代表投資人對公司未來績效有信心，因此募集資金成本較低；反之亦然。

　　投資未經考驗的新科技如果成功，可獲得很高的報酬率，但也可能投資全部泡湯，因此風險很高。投資人對投資感興趣必然有誘因，股權成本是投資人提供資本給公司要求的報酬；公司的風險愈高，資本成本就愈高。

　　資本資產定價模式（CAPM）提供計算公司股權成本的方法。

股權成本＝零風險報酬率＋貝塔值×（市場報酬率－零風險報酬率）

18% ＝ 5% ＋ 1.3×（15% － 5%）

　　當零風險報酬率爲5%，市場報酬率爲15%時，「股權風險溢價」爲10%。一家貝塔值爲1.3的公司，股價成本估計爲18%。如果公司的貝塔值爲2，股權成本將提高到25%。

　　另一個計算資本成本約略值的方法是，把一個簡單的加權平均值用在股權和債務上。債務成本就是用於各個項目的利率，而股權成本就是股利收益率。

摘要

- 負債／權益比是經測試證明很好用的簡單方法，用來衡量股東提供的資金與外部借款（債務）資金間的平衡。雖然這項比率可能被操控，它仍然能提供評估資本結構的基礎。分子與分母的內容可依正確的資訊加以調整。該比率越低，由股東提供的資金比率就愈高。低債務／權益比的公司表示槓桿低。

- 負債比率對解讀資產負債表的結構很有幫助，它顯示總資產由外部來源資金支應的比率。對大多數公司而言，當資產超過50%由舉債提供時，考慮投資這家公司前應做好詳盡的分析。如果只能選用一種槓桿評估法，這種方法可能最受歡迎。

- 年度報告的附註會提供公司債務的細節，顯示未來五年內的借款到期應償付的金額、利率和日期。乍看這些附註可能難以消化，但很值得花精神詳讀。解讀公司未來所需現金流量的方法之一是，以每年的總利息支出加上未來二、三年所有應償還的資金。再根據以前的經驗，來判斷這家公司看起來是否能滿足預期的現金流量需求，而無需出售資產或需要新借款？

- 對股東來說，公司舉債營運的效率是一項重要因素。股東的報酬率結合了獲利能力和槓桿兩個因素。兩項比率併用可顯示股東權益報酬率是如何達成的。

- 利息覆蓋率是聯結財務槓桿與獲利能力的有效方法。公司借款用於營運必須每年償付約定的利息。根據息前稅前獲

利計算的利息覆蓋率愈高，表示公司財務狀況愈安全。高
槓桿公司必須保證維持安全水準的利息覆蓋率。高槓桿加
上低利息覆蓋率不是健康的跡象。

- 同樣的，獲利中保障的股利水準也是股東安心或安全的有
用指標。股利覆蓋率愈高，盈餘中留下來再投入公司營運
的比例也愈高。

- 另一個有用的方法是，以現金流量作計算現金流量股利覆
蓋率的基礎。所有利息、稅項與非權益股利，都從營業現
金流量中扣除，所得數值再除以權益股利。這項比率就是
扣除所有外部融資費用後，可供發放權益股利的現金流量
比率。

- 研究公司的歷史紀錄時，可併用每股股利與每股盈餘。如
果畫每股盈餘和每股股利的圖形，兩者的差距就是每年保
留供營業使用的每股數值。三個數項應有明顯的一貫性。

- 金融媒體每天提供股利收益率和本益比的計算數值。研究
上市公司時，可直接比較同類公司的本益比，並獲得由投
資人提供的排名。本益比愈高，代表投資人對公司未來績
效的期待愈高。

- 高本益比公司不一定是好投資。高本益比代表市場價格已
反映公司的未來展望，因此現在買進可能已經太遲。

- 媒體刊載的本益比可用作非上市公司估計的基礎。可採用
同類行業的平均本益比，用來當作公司稅前盈餘的乘數，
就能計算出總估價的約略值。

第十章

策略的成功與失敗

　　分析一家公司時應檢視三大領域：管理、營運績效及財務
狀況。本書已在前面幾章利用年度報告和其他公開資訊，就這
三大領域中的其中兩個分析其過去與預測未來。本章再度溫故
知新、考量各種評量管理能力的方法，同時討論綜合定量及定
質方法，以評量公司當前營運狀況及未來的成長性。

資訊來源

可延伸企業報告語言

　　新近一些朝財報標準化邁進的行動，應能很快顯著提升企
業財務資訊的品質、價值以及取得。這得仰賴採用可延伸企業
報告語言（XBRL），切勿因名稱而遭拖延。而 XBRL 非常可能
是未來企業報告與分析的大勢所趨。財報的呈現將有一個標準
化格式，而各國語言不再是分析財報的障礙。可輕易把公司資
料輸入自己的試算表，毫不費勁與其他公司做比較。每個所使
用名詞，其定義當然也會有其可靠性與一致性。

美國證券管理委員會在2005年接受公司用XBRL申報，而且在2006年提供500萬美元協助開發所有會計交易的共同電子定義。這牽涉到出現於財報上個別項目的「標籤化」或「加標」問題。最後，投資人將可利用網際網路存取並比較任何公司、或在某個產業所有公司的帳目。造訪證管會網站會找到更多——「互動資料」（XBRL）。

網際網路

網際網路現在公認是企業與外界溝通的一項主要工具，幾乎所有公司都會經營網站，只須在搜尋引擎鍵入公司名稱，就可以輕易取得一般的企業資訊、財務報表，以及年度報告等。所有上市公司的網站都會有「投資人關係」（investor relations）欄，在此欄位通常可以找到年度報告以及最新的財務訊息。

近年日漸盛行用網路轉播年度股東大會或執行長的聲明，尤其是與機構投資人及分析師。不久的將來企業採取互動的溝通方式將是大勢所趨。

媒體

在公司發布年度報告後，報紙、期刊、雜誌、電視與無線電台，以及專業或產業刊物會提供更多資訊，有助於理解年度報告所提供的事實以及發展中的事項。媒體報導可以提供公司相關的技術分析、當前及未來可能的市場，以及營業環境，或是透過董事們的官司或花絮報導，獲得更多對公司性質的印象。不過，請牢記於心：根據《財星雜誌》（*Fortune*）報導，

恩龍在1996至2001年間是「全美最創新的公司」，並在2000
年被《金融時報》票選為「年度能源公司」。

外觀可能很重要

不應低估年度報告替公司及董事會所呈現的視覺效果。一
份單調乏味的年度報告，給予人缺乏蓬勃朝氣的印象；同理，
一份過度裝飾門面的報告，則代表這家公司太過注重報告給人
的印象，有可能是為掩飾績效不佳的窘境──「只管好看，不
管品質」。

董事會的曝光機會

企業在年度報告裡呈現董事會的方式，反映了企業報告的
變化趨勢。1960年代到1970年代，董事長凝視遠方沈思策略
的典型「油畫」形象，使人感覺這家公司是由一位剛毅、公正
的長者領導。除了法定最小限度的說明外，年度報告並未詳細
描述其他董事。

在1970年代後期，董事會被當成是經營公司的管理團
隊，這一點十分重要。讓外界知道一位強有力的企業領導人需
有團隊在背後支持，才能確保成功。此時照片上常常呈現這樣
的畫面：執行長端坐在董事會辦公室的中間，而其他董事則環
繞（站立）其身後，說好聽一點是董事會決策「多元化」。

1980年代中期的照片則凸顯董事們在積極經營業務。他們
親自到商店或工廠走動視察，並和員工噓寒問暖。典型的做法
是，董事面對鏡頭，照片下面特別只列出其姓名，而員工名字

則沒有被列出來，身旁並堆著貨架或操作的機械。

　　到了1980年代末期，隨著員工意識高漲以及享有更大權力，愈來愈多年度報告納入員工單獨作業、或是沒有董事在裡面的快樂團隊照片。年度報告只用一頁告知董事會的訊息。在1990年代初期，照片上看到的是董事們圍著董事會辦公室的會議桌或另選地點合照，個個神色自若、信心十足，很難看出哪一位才是領導人。

　　在2000年代，企業責任、倫理實務，以及環境報告的角色日益吃重。「全球」、「價值」、「環保」，以及「永續發展」等議題名詞，隨處可見。新董事長與執行長趁此機會向投資人解釋其策略及關鍵績效指標（KPI）。假如有時候公司所面對的情勢很艱困，年度報告就會看起來很沮喪，但隨著情勢改善，就會多采多姿。瑪莎百貨（Marks and Spencer）2004年的年度報告封面，就顯得五彩繽紛。但2005年換了新執行長，而且打了一場免遭併購的戰役，年度報告封面的顏色變為黑色。

臨別秋波

　　也許在不久的將來，會流行一項有趣但可能略帶一點自虐的娛樂。那就是蒐集董事長及執行長在媒體發表的「臨終名言」（famous last words），賣力解釋他們悽慘表現和公司衰敗的原因。例如，某位分析師簡潔有力總結他和市場對一家英國銀行倒閉的經驗時說：「至少我們已學到不會讓食品雜貨商掌理銀行。」——這家銀行的執行長之前為一家大型食品零售商效力。狄更斯（Charles Dickens）在其《小杜麗》（*Little Dorrit*）

小說創造了一個銀行家騙徒——「那位衣著光鮮亮麗的仁兄」——梅朵先生，用老鼠會或龐氏騙局（Ponzi scheme）的手法詐騙投資人，他最後留下的話是：「可否借我一把小刀？」

150多年後，馬多夫（Bernard Madoff）使用了和梅朵一樣的詐騙手法，規模卻遠大於前者，並且留下這句話：「這完全只是個大謊言。」2000年代最顯著的改變是，公司網站成為企業與外界溝通的重要工具。全錄（Xerox）是首批在線上發布期中報表的公司，而不像從前郵寄給股東，每年約節省了10萬美元。現在的英國，在線上發布年度報告是可以接受的做法，股東也可以要求一份紙本。有些公司早已與它們的報告「互動」很久，網站是你可以看到公司資訊的第一個管道。

公司治理

公司治理（Corporate governance）不僅涵蓋管理企業以及和股東交往的方式，還包含與社會關係的所有層面。在英國與美國，公司治理是某些大企業發生詐欺舞弊及不當管理事件後，才受到重視；另一原因是在1980及1990年代的經濟衰退期間，企業倒閉速度暴增。股東和與公司有往來的人士想確保公司的完善且正確管理。在1992年，凱貝雷委員會為英國企業建立一套最佳行為守則。這套守則包含19點，並規定公司須在年度報告中說明沒有遵循的理由（參閱第一章）。

這套守則要求董事會要在年度報告中對公司現狀與未來展望提出一項平衡且可以了解的評估。為英國企業推出的「聯

合守則」（Combined Code），已顯著改善董事會相關資訊及其
經營公司效率等相關資訊的質與量。其他國家也有類似的經
驗，經濟合作發展組織（OECD）在2003年發布公司治理準
則（Principles of Corporate Governance）；2003年歐洲執行委
員會（European Commission）在歐盟發布「現代化公司法與
加強公司治理」── 一項先進計畫。美國在恩龍及世界通訊
（WorldCom）倒閉後，通過了「公開發行公司會計改革及投
資人保護法」（Public Accounting Reform and Investor Protection
Act）──俗稱爲「沙賓法案」（Sarbanes-Oxley Act〔sox〕），以
提升投資人的信心，並鼓勵企業發布資訊充分與透明的報告。

董事會及其角色

　　董事會的主要角色是成功實行精心愼選的公司策略以滿足
股東。理想的情況下，年度報告應列出組織架構圖，顯示各個
領域及權責單位分層負責的概況。至少應要列出每位董事直接
負責的業務項目。

誰是董事？他們有什麼能耐？

　　年度報告應包含董事們的充分資訊，以便評估他們的能力
和經驗。最起碼，應列出每位董事的年紀及服務年限。評量董
事會的最簡單方法是，計算董事們的平均年齡，假如執行董事
（亦稱常務董事）的平均年齡爲接近60歲，而非執行董事（一
般董事）平均超過60歲，可以確定的是他們只想安穩守成度
日，比較關心他們服務的時間，不太管股東的權益。

　　董事的年齡也顯示出在必要時可能出現的接班問題。若董事會成員因有人死亡或退休才會更替，或許可以維持穩定，但這種董事會能否開創新局或面對快速且具挑戰性的變化呢？

　　要使公司有效經營，董事們須具備處理順境與逆境時的實際業務經驗。投資人須確定的是，高層團隊在任何商業環境下都能以穩健腳步經營公司。

　　金融分析師主要從三方面來評估一家公司：研究財報以發掘公司的潛力及找出其弱點、研究此產業的一般背景及未來發展，以及拜訪公司並訪談其管理團隊。因此，面對面的交談極為重要，如果資深管理人員無法令人產生信賴感，即使公司前一年的盈餘創紀錄，投資人對公司的支持度仍會下降。

一人身兼二職

　　公司當然需要人手，尤其是在草創期間，更需要能穩固掌控公司、提供有效領導及指揮的人才。隨著公司成長茁壯，組織日益複雜，一個人很難（就算可以也是很勉強）一手包辦所有事務。董事長與執行長的角色分立，是有其意義的，而且符合「聯合守則」的規定。聖伯利（Sainsbury）直到1990年代中期仍是英國首屈一指的食品零售商，它提供了一個可能會發生的潛在問題範例。在1996年，聖伯利發布公司史上首次獲利下滑的財報，媒體隨即加以評論。《泰晤士報》（The Times）1996年5月6日在頭條標題中寫著：「傲慢與自滿造成聖伯利獲利下滑！」引起身兼董事長與執行長二職的大衛・聖伯利（David Sainsbury）注意。這起事件在1998年出現了完結篇

——聖伯利家族的所有權與經營權被分開。另一家英國大零售
商瑪莎百貨在1990年代後期也遭遇類似問題，在獲利銳減及
股價暴跌後，緊接而來的是董事會的衝突浮上檯面。

　　創業家加上不參與實務的董事會，長期而言通常是一個致
命的組合。公司領導人或許有很強的人格特質，但仍須有一群
經驗豐富且才華洋溢的經理人輔佐，才能確保公司永續經營。
若看到某家公司完全是由一人掌控時，就需加以審慎了解。年
度報告可能提供這種個人崇拜的證據，媒體也會經常提供許多
領導人可能有自我中心特質風險的證據，已故的報業大亨麥克
斯威爾（Robert Maxwell）就是最鮮明的例子。

非執行董事（一般董事）

　　近來非執行董事扮演愈來愈吃重的角色。他們提供來自不
同領域及其他公司的豐富業務經驗，但主要優點應是他們有獨
立的想法、觀點，以及個人的收入，使他們在董事會占有重要
地位，增強董事會管理人的角色，並且擔任各委員會的職務。
如果非執行董事同時又是客戶、供應商，或是家族友人，甚至
是靠董事的薪酬過活，都不可能履行其獨立行使職權的條件。

　　不過，在歐洲許多地區，有一種雙層的董事會結構。荷蘭
和德國的大型企業，通常會設置由股東與員工代表組成的監事
會；法國也有一些雙層公司，但絕大多數是只設置董事會，而
且其中三分之二是非執行董事，如此才能對公司的政策走向發
揮獨立的影響力。

審計委員會

為遵循最佳作業（best practice），上市公司須設置一個審計委員會，由獨立與對財務相當敏銳的非執行董事組成。在年度報告裡可以找到審計委員的相關資料及其職責。

美國沙賓法案強調審計委員會的重要性，並擴大其角色，不僅納入告密員工的妥適處置責任，也涵蓋所有其他從內外部投訴財務問題的責任。2003年成立公開發行公司會計監理委員會（PCAOB），與證管會合作監督美國所有上市公司的審計，以及支持會計準則的發展。

審計委員會的主要目的是，確保有效運用外部的審計人員，並在必要時隨時協助他們。審計委員會應監督會計政策與會計作業，以及內部控管與審計部門。審計委員應能隨時接觸執行長和董事長。審計委員會的報告應列入年度股東大會議程以及年度報告。公司若未這樣做，就是未切實遵守最佳作業。

大多數公司都設有內部審計部門，與外部審計人員有聯繫，卻又各自獨立作業。公司內部的審計部門直接向審計委員會報告。內部審計是要確保所有員工維持並遵守公司的程序及制度。公司治理的最佳作業課予董事們一項責任，確保公司已實施所有適當的內部控管，所有資產都加以安全保護，維持會計帳目的正確性，以及公司的風險是在可以接受的水準。

薪酬委員會

每家公開發行公司都應設置一個委員會以監督包括執行長、董事長在內的所有執行董事的薪酬、任期及條件。最佳作

業規定，薪酬委員會的委員須為非執行董事。由薪酬委員會制定的董事薪酬，應列入年度報告。這個委員會通常也監督高階員工的聘雇條件及薪酬，並確保這些不是只憑執行長個人的好惡為之。目的是要確保公司薪酬政策的完全透明與一致性。

董事的薪酬

雖說錢不是一切，但顯而易見的是，薪酬對於激勵與留住表現優異的董事，扮演著重要角色。董事掌管價值數十億英鎊的資產以及數千名員工的飯碗，當然希望有豐厚的報酬。大家都可以接受報酬應與績效直接掛勾，而且董事薪酬方案應有顯著比例與績效連動，目的在於調配董事與股東的權益。

管理主管薪酬的政策是一項重要工作，也是非執行董事素質的嚴峻考驗。薪酬委員會應該確定有一項可辯護的政策，並應在董事的薪酬與公司績效不相符時，提出說明。

當公司貸款給董事或主管（或是其親友）時，應在財報上揭露為「關係人交易」（國際會計準則第24號）。揭露內容不僅應包含年底結餘，也應涵蓋當年度借貸的最高額度。目的是為避免所謂的「粉飾」（window dressing）帳目的情形發生——例如，董事每年都向公司借錢，而且剛巧都在資產負債表日還錢——因而財報上並未顯示有貸款紀錄。因此，年度報告所列出的關係人交易，經常是值得一讀。

他們值得拿這麼多錢嗎？

年度報告中詳列公司執行董事的薪酬政策，並顯示董事及執行長的薪酬總額，若他們不是薪酬最高者，就應列出薪酬

最高的董事姓名。給付所有董事的總金額及應稅福利（taxable benefits）都應與其工作合約一併揭露。在英國，董事的工作合約超過三年而未經股東同意，是不被接受的。

這些揭露的訊息可用以和規模類似的公司做比較，以評估其薪酬的多寡。可以針對通貨膨脹率、平均薪資率、公司營業額或盈餘成長等因素的逐年變動，加以調整，做為一項參考基準，以決定董事會的薪酬成本是否合理。

董事會的變動

董事會須發展一套個人與團體的工作關係，以支持他們身為高階經營團隊的功能。董事會因為退休、意外、生病或職涯機會等因素，成員異動在所難免。不過，合理的狀況是，公司都會由一些經驗豐富的核心董事年復一年經營業務。

董事會成員的變動，有可能是既存與潛在問題的直接訊號，年度報告提供完整的董事名冊，可據此資料與前一年做比較，以了解其變動情形。可惜的是，並未強制規定公司須提供董事的比較數據，因此經常須參考前一年的年度報告。不過，董事也可能在年度當中離開又回鍋，這種情形不會列入年度報告。

應該要有一份報告說明董事會變動的原因（例如董事的退休或職務改變），最常見的委婉說法是：因「追求其他興趣」而去職，以掩飾董事會內部的衝突與不和。董事會若經常變動，應可據此認為公司的狀況不太好。可以這麼假設，組織的高層存在破壞性的緊張，公司未來的前景就堪慮。

　　其實，公司董事的不斷更替可能是個警訊。大抵來說，董事會若連續幾年都有逾20%的成員更替，就應該特別加以留意。尤其是一群董事同時出走，例如所有非執行董事都辭職。雖然公司不會公開說明原因，但歷史經驗顯示，做最壞打算比較保險。

　　大體上，英國大企業執行長的任期約有四年，執行長去職是公司的大事，應快速且明白提出執行長離職理由的聲明。當恩龍執行長以「個人因素」辭職時，就亮起了警訊；世界通訊的艾柏茲（Bernard Ebbers）以「個人理由」離開時，那就為時已晚。董事的私人關係或董事會的明顯衝突，應被視為是一個頗具說服力的汙點。假如董事無法展現他們是團隊合作而且能掌控公司，那你該賣出這家公司的股票。

密切注意財務主管的動向

　　財務主管主持財務部門，不僅管理帳目，也在與投資人的良好溝通上扮演重要角色。財務主管須使投資人了解公司業務並維持對公司的信心。2007年在英國富時100指數的成分股公司，財務長的平均年齡為49歲（絕大多數為男性，女性只有一人），薪水加紅利超過110萬英鎊。

　　執行長與財務主管（或財務長〔CFO〕）之間的健全夥伴關係，是成功經營一家公司的基本要件。恩龍執行長在公司倒閉的前一天還信誓旦旦說，他「完全信賴」財務長。

　　財務主管的去職是一件非常重大事件，除非是正常退休或轉換跑道。英國北岩銀行（Northern Rock）在2007年信用緊縮

危機爆發後不得不接受政府紓困，該銀行的財務長在同年1月
退休。要嘗試發掘財務長離職的理由以及接任人選等細節，若
任職三至五年的財務主管突然去職，遺缺並由任職20年的會
計長或審計人員接任，以往的例子都證明這確實是一項警訊。

與所在城市的關係

在英國，經營有成的公司若未能與所在城市建立良好關
係，可能會惹上麻煩，這種情況最常發生在剛在證券交易所上
市、成長快速的小公司身上。成功的企業家不見得最適合與機
構投資人交涉，後者則希望能全盤了解公司營運狀況。

年度報告會列出公司往來銀行、金融及法律顧問的名稱，
在年度中更換審計人員、往來銀行、律師及顧問，都被視為負
面指標，除非能在年度報告中詳細解釋原由。

追求成長

成長經常被視為企業成功的評量標準，一家每年以15%的
速率成長的公司，每五年規模就會增加一倍。一般的定義是，
年成長率20%的公司為快速成長（rapid-growth）公司，而複
合年成長率40%的公司，則為超快成長（super-growth）公司。

市占率訊息可以提供有用的輔助，以分析與闡明公司營業
額的變化。絕大多數公司會在年度報告上列出營業額數據，但
只有少數幾家公司會提供市占率資料。已知在同一市場競爭的
數家公司的營業額數據，就可以設計出市占資訊的簡易替代資
料，A、B、C、D四家競爭公司資料如下：

	A		B		C		D		總計	
年	1	2	1	2	1	2	1	2	1	2
銷售 （百萬 美元）	2,500	2,900	16,000	16,300	5,900	5,500	17,200	18,800	41,600	43,500
市占率 （%）	6	7	39	37	14	13	41	43	100	100

　　可以輕易看出這些公司市占率的變化過程，假如時間拉長爲好幾年，就能成爲績效比較的基礎。

　　一般的看法是，成長快速的公司是安全且健全的投資。不過，證據顯示，快速成長不必然會持續長久經營。當然會有一些例外情況，但爲保險起見，還是得假設快速成長、尤其是多角化經營的公司，無法持續保持下去。若高複合成長率是因爲提高債務融資，更應該非常小心。

　　有些公司把營業額成長率視爲主要目標及成功的標準，即便是用犧牲獲利率達成。在1990年代後期，電子商務提供了許多這類極端例子。分析師決定使用營業額做爲評估網際網路公司的基礎，一旦大家都用這種評估方式，公司努力的重點就會放在美化數字上，營業額成長遂成爲唯一追求的目標。營業額成長的壓力勢必會刺激「創造力」，譬如祭出大折扣誘使顧客購買產品或服務，在損益表上是列爲「全額價格」（full price），而這項「折扣」則記在行銷費用項目。呆帳準備金可能會減少。一家擔任假日銷售代理商的公司，可能把假日的全價計入損益表，而非只是銷售應付的佣金。顧客一次給付好幾年的網站使用費，可能被計入本年度的銷售，這些做法都與一

般公認會計原則相違背，卻可用來使收入成長明顯提高。

　　一人公司的最後挑戰是，被迫走向多角化經營以帶動持續成長。有些公司在某個行業證明自己後，就跨足新領域，最常見的是透過併購。通常的情況是，舊技術不適用於新行業，容易分散專注核心事業的努力，而且可能因此失去煉金術（golden touch）。公司的生存可能要依賴新管理及財務重建。

　　在一人公司成長趨緩、批評聲浪隨之湧現的情況下，可能會出現兩種情境：一是，這家個人經營的公司開始逐漸採取高風險決策，期能重返之前的獲利成長水準；另一種是，承認很難馬上改善營業績效，在第一種情境下，這位仁兄會踰越法律並且接受商業實務，以維繫其個人形象或生活。這些公司的其他主管常常不願意「惹麻煩」，串謀詐騙——1997年Cal Micro就是這類問題的最佳範例。

創造性會計與倒閉

　　公司或多或少都會使用一些作帳的技巧，大多數公司都會把必要的明細及輔助說明資料列入年度報告中，但若期望一般人對問題的關注會像注意好消息一樣，那可是不切實際的想法。某種程度上，年度報告是一種藝術，但須遵守明確的規則，違反規則不是創造力的表現，而是一種不實陳述，且有可能是詐欺行為。崔迪威委員會（Treadway Commission）對詐欺所下的定義是：「故意（intentional）或重大過失（reckless）的行為，不論是作為（act）或不作為（omission），導致嚴重誤導財報。」有創意的財務主管可拿應得的報酬，但行詐騙之

術的財務主管，會進監獄吃牢飯。

　　創造性會計（creative accounting，作假帳）不是公司倒閉原因，卻令公司財報的使用者難以評鑑其潛在的表現、或其財務狀況。問題在於，公司何以認為非得使用這個方法不可？設若公司的營運及財務複雜到你無法充分了解，就別碰這家公司。假如年度報告的術語太難理解，絕對要當成是負面因素。

　　恩龍會計醜聞爆發，30億美元負債被列為「特殊目的實體」（SPE），使該公司能從資產負債表上拿掉債務，並將資產乾坤大挪移，以虛構獲利。該公司將2001年獲利灌水10億英鎊，這樁企業醜聞催生了後來的沙賓法案，不過令人非常沮喪的是，雖然恩龍許多會計帳手法很冒進或巧立名目，但不見得都違法。

　　應審慎檢視會計政策的改變，尤其是從其他資料中獲悉與公司業務有關的警訊時，更應多加留意會計政策的改變適當、合理嗎？或只是為拉高年度獲利的數字而已？折舊政策、存貨估價、準備金的動用、資本化費用，以及特別及額外項目的處理，都顯示是為急於提高獲利數字，而非提供一項真實而公正的看法。（參閱第三章）

企業策略

　　企業策略涵蓋達成確切目標的計畫方法：知道目標所在以及如何達成。目標或標的是「終點」或「目的地」，策略則是成功執行的「方法」或「做法」。

　　每家大公司都須有一套董事會認可與接受的策略，最理想的狀況是，能與主動投入與參與發展的員工溝通企業策略，並被他們接受。年度報告應提供足夠資訊讓人了解公司的策略是什麼，以及如何成功執行。如果沒有的話，就可以假定公司沒有策略，行事漫無目的與亂無章法。到最後，不是營運觸礁，就是公司被人接掌。

　　想要分析公司營運，關鍵在於看出該公司有一套健全的策略。正確答案是，這項策略必須被認為是實際可以追求的目標，且可以在每年的年度報告看到往目標邁進的正面軌跡。

一招半式難闖天下

　　如果公司顯然決定用單一解決方案去處理策略性問題，很可能等於是沒有拿出辦法來。單一解決方案通常很誘人，但也代表公司把「所有雞蛋都放在同一籃子」。假使單一方案解決不了問題，便無計可施了。

　　有些公司喜歡訂定野心勃勃的計畫，不僅耗費管理階層的寶貴時間與心力，也會對其他業務領域產生不良影響，這類計畫包括產品開發、新技術、併購、多角化，以及高額合約等等。

　　併購經常被認為是解決公司諸多問題的妙方，雖然這項併購交易可能大幅改善當年度申報的獲利，但當併購清楚顯示出公司能力不足之處，導致業務快速多樣化，問題就會變得無比複雜，新市場或海外事業的業績也會加速下滑。

　　當大型併購案意味著公司的業務即將大幅多樣化，依照英

國與美國的經驗，可以得到以下看法：公司倒閉的風險大幅升
高。多樣化經營意謂著在出現盈餘之前，須投入大量的人力與
財力，以體驗與熟稔新業務。

任務與願景

公司可能在年度報告提出任務與願景報告，提供了另一個
有用的觀察，可了解公司整體策略、經營政策，以及作業實
務。任務報告通常會列出公司的業務、目標及達成方式；願景
報告則是關於公司未來想要變成何種樣貌，以及達成其目標與
目的所需要的價值。這兩個名詞通常可以混合或交替使用。

何處尋覓策略

可以合理預期，公司的年度報告會充分提供公司迄今的策
略以及成功執行的資訊。這項資訊不見得會列在單章說明，通
常須研讀董事長的報告、董事會的報告，以及營運、財務檢討
的評論，才能得知。以下討論的資訊應該出現在年度報告裡，
但不見得使用相同標題。

董事長報告

董事長的主要角色是領導董事會及其委員會，讓執行長專
心經營業務。為此，董事長須與執行長、執行與非執行董事有
良好的合作關係，也應與公司全體股東發展出良好的雙向溝
通。董事長督導董事會的組成，而接班計畫也很重要，尤其是

在執行長的任期不斷縮短之際。董事長應扮演好領袖角色，以達成公司的目標。

公司董事長在給股東的報告中，可以自由表達各種意見以及提出特定的觀點。這項報告不受法律、審計或會計準則，甚至是最佳實務作業準則的拘束。董事長報告最初是由董事長向股東表達對公司當年度的意見與評論，慢慢發展出來的。

典型的投資人會仔細閱讀年度報告中有關這個部分的資訊。的確，他們經常只讀這部分資料，或許還會天真地認為，他們對公司績效及財務狀況有客觀且概略的了解。各公司董事長都非常明白這一點，因此，通常的情況是在業務營運上報喜不報憂。有些董事會的報告甚至有點像公關聲明：外觀好看，但內容乏善可陳。

董事長報告的品質，是各公司策略思維以及管理董事會工作品質的有用指標。

董事會報告

董事會的報告，旨在協助詮釋財報、附帶提供非金融資訊給年度報告的使用者，同時可做為良好的依據，以更了解公司營運及內外部工作的關係。董事會的報告提供公司主要活動的輪廓，廣泛記述各業務部門的活動及紀錄，供使用者閱讀，若你需要快速評估公司的業務性質，董事會的報告是個不錯的來源。

董事會的報告通常包含下列資料：

- 主要活動；
- 業務檢討及將來的發展；
- 股利；
- 研究發展活動；
- 不動產市價與資產負債表帳面價值的差距；
- 董事及其與公司的關係；
- 雇用政策；
- 供應商付款政策；
- 環保議題；
- 政治獻金與慈善捐獻；
- 買回自家股票；
- 公司股票的主要權益；
- 資產負債表編製後的事件；
- 審計人員；
- 遵循聯合準則（Combined Code）。

業務的檢討應說明可能影響未來獲利能力的發展內容，例如推出新產品、重大資本投資計畫或計畫中的併購及資產處分。不過，有時為避免洩漏太多資訊給競爭對手，報告內容將會受到制限而多所保留。

這裡通常也會提供董事會對公司的明確責任，證明他們已遵照好的會計政策與實務作業，並在編製財報時會適用所有適當的會計準則。

　　除董事外，任何持有公司逾3%股權者及其與控股股東的
交易，都應列入本報告中。但不必然需要持股50%，才能控制
公司，基本上，「控股股東」（controlling shareholder）是指在
一家公司持股逾20%的人，根據美國一般公認會計原則，20%
的股權所有權（equity ownership）才算重大權益（參閱第二
章）。

社會報告

　　公司有其企業社會責任（CSR），而且要在年度報告中說
明。在英國，編入富時100指數（FTSE 100）的公司，有80%
在年度報告中說明企業的社會責任，其涵蓋範圍如下：

- 企業的道德行為；
- 對待員工的方式；
  - 員工數及參與、
  - 病假、意外事件、弱勢族群、殘障的雇用、
  - 參與當地慈善活動；
- 人權問題──童工；
- 與社會及當地社區的關係。

　　不過，社會或環境報告並沒有放諸四海皆準的標準。許多
公司日益重視永續發展，以清楚表明沒有為了短期獲利而危害
未來的環境。美國證管會規定公司要詳列其環保支出，而歐盟
則要求要討論攸關公司營運的環保議題。

環境報告

公司現在應提供環境政策與活動的詳細內容，這類資訊通常包括：

- 環境政策；
- 前幾年的計畫與改善；
- 主要風險以及公司因應之道；
- 法律遵循；
- 環保支出；
- 關鍵績效指標。

英國上市公司應揭露其環境的關鍵績效指標，對於溫室氣體排放至空中、水及土壤，以及非再生能源的使用，計有22項可量化的績效評量。

營運與財務檢討

舉凡營運與財務檢討（operating and financial review, OFR）、管理層評論（management commentary, MC）或管理層討論與分析報告（MD&A），都應詳細說明公司的策略及其執行，以及列出關鍵績效指標或目標，同時應列入標準財報的資料中。此外，有關變動的情況，也該提出說明（參閱第一章）。在1998年，國際證券監理機構組織公布一套與營運與財務檢討內容有關的建議，但這些建議沒有強制性，通常是做為編製年度報告的依據。

　　營運與財務檢討不是另一套複雜的數字與圖表──「會計噪音」（accounting noise）；營運與財務檢討也可能包含重要的財務比率資料，應與公布的財報有明確關連性，或應適當加以說明。目的是使董事有機會用敘述方式向股東解釋及擴充財報上的資料。董事會將說明他們對公司未來的看法，以及經營環境的重大變化。

　　營運與財務檢討通常有兩大部分，第一是關於公司的營運活動，經常著重於各部門的資料分析，找出可能影響未來績效的趨勢或事件；第二是專注於包括股利、每股盈餘、資本支出，以及股權與債務變動的財務檢討。一般來說，營運與財務檢討報告也含下列項目：

- 營業額趨勢及市占率；
- 市況變化分析；
- 產品開發與新產品；
- 併購、資產處分及關閉事業；
- 財務結構變動；
- 風險管理；
- 重大的政治、經濟及環境因素。

　　英國引進了營運與財務檢討報告，鼓勵公司不僅要發布好消息，也要揭露：「營業項目中的主要風險和不確定性，以及評論管理這些風險的做法，並從性質方面說明對營運績效可能衝擊的本質。」

　　公司希望提出一些關鍵績效指標的參考，這些參考不是

財務（例如利潤率、盈餘或每股盈餘）就是非財務的（客戶
服務、滿意度、市占率、新產品開發、生產力或員工的流動
率）。而在過去幾年蔚為風行的策略性績效考核制度（Strategic
Performance Measurement Systems, SPMS），混合使用了財務及
非財務的評量，以了解公司是否達成其戰略目標。

風險揭露

應該也要討論公司面臨的一些主要風險和不確定性及其解
決之道。英國1999年的騰布爾報告（Turnbull Report），建議
企業應揭露其風險管理做法，國際財務報告準則第七號（IFRS
7）規範與金融工具有關的風險（參閱第二章）。風險的主要類
別如下：

- 市場風險——匯率、利率或其他價格走勢；
- 流動性風險——資金的取得可能會有問題；
- 信用危機——顧客沒有付錢。

揭露風險的目的是，公司有「義務……，轉移過去交易或
事件的經濟利益」，並在年度報告中充分揭露。這項義務是如
何產生、或是否被包裹在複雜的財務工具或會計術語裡，都不
重要。假如公司有舊有或潛在的債務，你就需要知道，以便適
當評估這家公司。

「新」風險評估法

評估公司風險的另一做法是計算年度報告中出現「新」字

的次數，可以做為風險評估的方法之一。

財務與投資

營業與財務檢討報告應該說明目前的資本支出水準，以及未來非流動資產投資的規畫。最理想的情況是能分配在以下項目：

- 行銷與廣告；
- 員工訓練與發展；
- 研究與新產品開發；
- 維修計畫；
- 客戶的技術支援。

這類資料有助於評估公司在維持目前營運水準的情況下，至少短期內能夠減少支出的程度。所有列出的支出短期均可削減，而不致對獲利產生立即的負面影響。

資產重置率與資本支出與營業額之比率，是檢視資產投資是否具有一貫性的方法之一，前者是公司有形資產替換速度的指標，後者則是投資與營業額的連動關係。這些比率若突然改變，顯示公司決定減少或暫停投資生產性資產，以保有流動性，否則就是因為融資遭拒所致。

資本投資計畫的融資方式值得詳加調查，規畫投資的時間應與申請融資的時間一致。一家公司利用短期融資來源興建工廠或做長期投資，會比利用長期融資的公司更可能陷入困境。

基本上，長期資產的財源應來自股東權益或長期借貸，而

圖10.1　提供企業融資

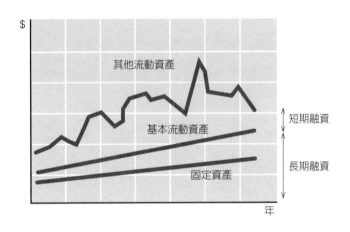

營運資金則來自短期貸款或類似來源（參閱圖10.1）。財務報表及營運與財務檢討報告，應清楚說明借款條件與資本支出計畫的關聯性。

　　一般來說，你最想看的是負債／權益結餘有某種一致性，以及募集營運資金的時間。透過資產負債表的來源與分析，可以深入了解資金來源及其運用在何處。一個財務管理的簡單原則是，公司投資長期資產的資金，應來自長期的融資來源；貸款的期限應與投資及還款的期限相吻合。

　　營運與財務檢討報告應解釋：

　　　　「營業資本結構、財務政策，以及財務狀況的動態——流動資金來源及其應用，以及資本支出計畫的融資規定。」

最高借款額

營運與財務檢討報告應討論關於現金流量表上的現金流量以及揭露在資產負債表的流動性，對證明業務部門創造的現金流量有別於部門分析報告所揭露的獲利，尤其有幫助。

營運與財務檢討報告界定公司整年度的借貸金額，而非只是在資產負債表編製日期所運用的金額。公司在當年度的貸款金額可能已接近或實際已超越其借款上限，為評估該公司當前財務狀況及將來存續能力的重要因素。

股東報酬率

營運與財務檢討報告應提供股利政策及股東報酬率等相關資訊。然而，不得不接受的是，公司很難承諾做到預先決定股利發放的水準。明年獲利可能下滑，公司也可能以各種理由不想比照之前的股利覆蓋率或股利發放水準。除了盈餘之外，還有許多因素會影響發放股利的決定，包括大型法人股東的要求、董事會對獲利改善速度的決心、市場的普遍預期心理，以及其他公司的做法等等。如果這些因素都支持發放股利，那麼公司就很難逆勢而為。

持續營運

董事須正式聲明他們認為公司會繼續營運下去，這項聲明通常會出現在董事會報告或營運與財務檢討報告上。但也會先打預防針，在另一報告提醒未來業務的不確定性以及不能保證會持續營運。

股價及資產負債表價值

公司也會趁公布營運與財務檢討報告的機會，評論「未反映在資產負債表上的業務實力與資源的價值」，包括品牌與其他無形資產在內，這有助於計算公司的價值。現在有愈來愈多英國公司在討論股東權益時會參考股價及市值，這些自然也會列入營運與財務檢討報告中。

員工訓練與發展

年度報告應包含一項公司政策，說明雇用少數族群、殘障人士，以及提供公平就業機會的各項規定或其他實施辦法。不過，更重要的是，須詳列鼓勵員工參與經營業務以繼續其個人發展與訓練的相關資料。若公司投資員工的態度也能像投資資本資產一樣認真，顯然更能提升股東價值以及公司的長期獲利能力。

「內部創業」（intrapreneurship）這個名詞通常是用於形容員工間工作關係的正面態度，歡迎員工提出新點子、鼓勵與獎勵員工在其職責範圍內提出方案、做決策。彈性工時、團隊合作、扁平式組織結構，以及員工參與績效的利潤分享等，都是員工維持良好工作關係的指標。

研發

對許多公司來說，投入研究與開發（R&D，簡稱研發）的金額，直接關係到未來的績效。估算研發經費的有效方法是以銷貨收入的百分比來呈現。

附加價值

　　附加價值是評量公司績效及找出各種利益團體分享資源的有效方法。假如附加價值報告未列入年度報告，也可根據損益表輕易推演出來，保留盈餘的計算公式如下：

$$R = S - (B{+}Dp + W + I + Dd + T)$$

保留盈餘＝銷貨收入－（材料與服務費用＋折舊＋薪資＋利息＋股利＋稅金）

R＝保留盈餘（retained earnings）
S＝銷貨收入（sales revenue）
B＝材料與服務費用（bought in materials and services）
Dp＝折舊（depreciation）
W＝薪資（wages）
I＝利息（interest）
Dd＝股利（dividends）
T＝稅金（tax）

　　附加價值是銷貨收入扣除支付給外部供應商（商品與服務）的貨款，其計算公式如下：

$$S - B = W + I + Dd + T + Dp + R$$

銷貨收入－材料與服務費用＝
薪資＋利息＋股利＋稅金＋折舊＋保留盈餘

附加價值與股東

　　所有公司的首要目標是為股東創造價值，這種說法有待商榷。無論應否聚焦於股東價值極大化，抑或在活躍於公司的利害關係人間取得平衡，皆可以公開討論。在1990年代，公司日益聚焦於股東價值，幾乎快變成企業界的真理。年度報告中經常提到股東價值，但卻不常或輕易加以量化。

　　股東價值的增加主要來自兩方面：股價上漲或發放股利。一家有高附加價值的公司，可以決定把資金再投資於業務以維持公司繼續成長，或是提高發放給股東的股利。

　　計算股東價值的例子如下：

　　　　（股票賣出價格＋拿到的股利）－股票買進價格

　　股東報酬率的算法為：

　　　　（股利＋現行股價－買進的股價）÷買進的股價

　　假如當年度的股利為10美分，股票買進成本為100美分，目前價格為105美分，假如股票賣出，股東報酬率為15%，其算式如下：

　　　　（105 － 100 ＋ 10）÷100 = 0.15（15%）

　　這種算法投資人很容易了解，但通常無法在年度報告的財務數據瞧出來。

市場附加價值

計算附加價值的另一方法是市場附加價值（MVA），計算公司對股東的淨值——市價／帳面價值比（price-to-book ratio），亦即股票市價相對於公司帳面價值的比率。公司市值扣除股東權益總值（可能加上負債），如果兩者相減之後為正數，意謂著股東投資的價值增加；反之，若為負數，代表投資人虧錢。舉例來說，假如公司的市值為100美元，而資產負債表上的股東權益為50美元，代表公司為每1美元的股東權益增加為2美元。

價值為主的管理

價值為主的管理（Value based management, VBM）與業務的各層面有關，尤其與創造股東價值的「五大業務驅動因素」有關，包括：

- 最初投資的資金；
- 資本報酬率比率；
- 投資人要求的報酬率；
- 資本投資成長；
- 相關年數。

股東價值分析

股東價值分析（Shareholder value analysis, SVA）是量化股東價值的另一方法，主要著重於七大價值驅動因素（value driver）：

- 銷售成長率；
- 營業利益率；
- 現金稅率（cash tax rate）；
- 固定資產投資；
- 營運資金投資；
- 規畫時程（planning horizon）；
- 資本成本。

自由現金流量

　　股東價值分析的一個重要因素是公司產生現金流量的能力，這是在股東成本或營運債務融資不列入考量的情況下，一種對現金流量的特殊算法。也被稱為「自由現金流量」，其算法如下：

> 營業利益＋折舊－已付現金稅
> ＝現金利潤－非流動資產投資－營運資金投資
> ＝自由現金流量

　　自由現金流量有助於說明公司現金流量產生的水準，也衡量在已去除所有必要投資後，可能用以支應營運融資成本的可得現金金額。

經濟附加價值

　　經濟附加價值（Economic value added, EVA）是另一個普遍採用的方法，以預估的資本成本評估稅後盈餘——通常被視為是加權平均資金成本（WACC）。公司應該不只是創造會計

盈餘，也要創造足以支應資金成本的盈餘。有人主張，由於不
考慮資本的實際成本，經濟附加價值的評量方法，是優於每股
盈餘或股價本益比。

下表為經濟附加價值的算法，在扣除資本成本的10美元
（100×10%）後，公司在那段期間的經濟附加價值為30美元。

稅後盈餘	40美元	稅後盈餘	40美元
運用資本	100美元	資本成本	10美元
資本成本	10%	經濟附加價值	30美元

若經濟附加價值為正數，意謂公司給予投資人附加價值。
有經濟附加價值的公司，市場附加價值應會增加；因為會創造
高於資本成本的報酬率，股價也就會跟著上漲。舉例來說，下
面例子中三家公司的資本運用報酬率都為正數：

美元	A	B	C
稅後盈餘	50	60	50
運用資本	200	400	600
資本成本（10%）	20	40	60
資本運用報酬率（%）	25	15	8
經濟附加價值（美元）	30	20	−10

雖然C公司的資本運用報酬率為正8%，但它實際上毀了
股東價值，因為市場附加價值為負10美元。在實務上，計算
經濟附加價值時須做一些調整（考量研究發展、商譽、品牌價
值、租賃及折舊的處理），才能得到稅後盈餘的數據。有人主
張，經濟附加價值做為一個單一貨幣的數字，最好是將管理注
意力集中在經營事業的「真正的」成果，而非像總資產報酬率

這類標準的績效比率。經濟附加價值通常被當成是經理人績效相關獎勵的依據。

成功或失敗？

未來盈餘比流動變現能力重要

我們在第六、九章討論了評估獲利能力及變現能力的方法。在理想的情況下，公司會鎖定兩個主要目標，第一是提供投資人可接受且持續的報酬率，第二是維持足夠水準的財務資源，以支撐目前與規畫中的營運及成長。只要公司有現金可用，就算沒有獲利也能生存下去。公司賺錢卻沒有現金會面臨很多困難，既沒獲利也沒現金的公司，很難捱過幾天。

賺錢公司倒閉的可能性低於不賺錢的公司，這是老生常談的論調。獲利潛力是決定公司能否持續營運下去的首要因素，其重要性超過流動變現能力。公司的流動性低、但具有高獲利潛力，幾乎肯定可以得到幫助而克服目前的難題；反之，公司的流動性高、但獲利不斷下滑或根本沒有獲利潛力，無法長久存活下來。投資人為何要讓他們的資金縮水呢？這種公司所面臨的唯一決定是，應否立即結束營運或繼續看著變現能力及獲利能力衰減，直到管理階層無法收拾的地步。

財務管理指標

利息覆蓋率正是結合了獲利能力及槓桿作用；低獲利且高負債的公司，其利息覆蓋率也會很低。槓桿作用是評估公司生

存能力的重要因素。高槓桿低獲利的公司，比低槓桿高獲利的公司更可能陷入險境，而常見的公司融資方法是負債／股東權益比，另一評估方法是負債比，可用負債占總資產的百分比呈現出來，以評估負債和股東權益對公司的貢獻程度。

（美元）	A	B	C
股東權益	250	500	1000
長期貸款	500	500	500
流動負債	250	250	250
	1,000	1,250	1,750
總資產	1,000	1,250	1,750
營業現金流量	300	200	500
負債（％）	75	60	43
股東權益（％）	25	40	57

負債比可評估非股權融資的總資產比，並且可以做為公司未來短期存續能力的指標。資產比例愈高似乎顯示，融資來源是由外部借貸而非股東，比例愈高、槓桿就愈高，公司的風險就愈大。通常的情況是，如果這種比例超過50%，而且過去幾年間呈現穩定增加的趨勢，意味著公司馬上會有財務問題。任何一種行業只要公司負債比逾60%，顯示公司過度依賴外部資金，情勢非常不妙。

在上述範例中，A公司的槓桿比例最高，負債與股東權益比為200%，資產有75%來自債務的融資，25%來自股東權益；相形之下，C公司的資產有43%靠融資取得，57%來自股東權益。也可以利用資產槓桿比率的方法來呈現，當股東權益

占總資產不到50%，比率就會上升至超過2，A公司的資產槓桿比為4，C公司則為1.75。

現金流量指標

定期性出現正現金流量的公司，在體質上優於「吃掉」現金流量的公司。營業現金流量是個重要數字，代表公司管理階層如何成功從營運中創造現金收益，可以用在以下幾種富啓發性的績效及財務狀況評估方法（參閱第八章）：

營業現金流量 ÷ 利息
營業現金流量 ÷ 股利
營業現金流量 ÷ 資本支出
營業現金流量 ÷ 總負債

前三種比率可評量公司現金流量用以支付外部融資、股東報酬，以及業務固定資產再投資的比例。

大多數公司的營業現金流量除以至少2或200%的利息，是可接受的。營業現金流量結合股利支付，確保當年度直接由業務創造的現金足以支應股利的償付。

公司無法輕易操控或掩飾其現金流量或財務結構，這些資料可以從現金流量／負債比率算出來，比率愈高、公司財務狀況就愈安全。通常是以20%做為最低指導基準，顯示需五年的營業現金流量清償所有債務。如果這項比率為10%，則需要十年的營業現金流量清償全部債務。業務創造的現金流量，用所有非股東債務總額的百分比呈現，顯示現金流量對抗外部借貸

的強度。

	A	B	C
現金流量／負債（%）	40	27	67

上例三家公司中，B公司的現金流量最差、獲利能力最低，現金流量／負債比只有27%。解讀此比率的另一方法是，B公司需花3.75年時間（750美元÷200美元）的流動現金流量清償所有債務；A公司需花2.5年，而C需花1.5年。

為更了解公司營運績效的樣貌，計算營業現金資產報酬率（CFROA，亦即來自營運活動的現金流量÷總資產），或營業現金再投資報酬率（CFROI），並且按照第六章所講述的總資產報酬率分析方法加以探討。

	A	B	C
100×（營業現金流量／總資產）	30%	16%	29%

營運資金與變現性

營運資金的管理攸關公司的生存，持續且謹慎的監督與控管存貨、現金支出及收帳期間，至關重要。營運資金特別與存貨有關的部分，也常出現詐欺和虛報的情況。最常見者是高估存貨價值或虛報存貨量，以顯示獲利明顯改善。

變現比率是監督營運資金與現金部位的最佳方法，這可由資產負債表以及綜合營業活動及年終部位的現金循環中直接計算出來。變現比假設持有的存貨沒有立即的價值。這兩種比率應與前幾年的比率相比較，檢驗其與參考基準的公司是否一致

並找出趨勢，以評估是否與所屬行業一致。

主要的考量因素是，公司藉由調整現金流量的時間、水準及財務適應性，來因應始料未及的威脅或機會。而比較悲觀的評估方式利用防禦期，這可顯示現金流入完全停止後，公司還能存活多久與繼續營運。

信用評等評估

最好能準備多種相容的措施，切勿只依賴單一項目來評估公司的營運。早期的方法是選擇一套公認是財務狀況良好指標的比率，將每個比率加權平均後得出的一項指數，做為整體信用評估。

比率	加權平均
變現率	15
總資產報酬率	15
利息覆蓋率	30
現金流量／負債	20
銷售／存貨	10
股東權益／負債	10
	100

計算每項比率然後乘以指定的加權平均，並把所有結果加總起來，就會得知公司的指數。而後再與其行業或同類型公司的平均值或標準值做比較，就能得出一個可比較的信用評等。公司的分數愈高、信用評等就愈好。

這個方法目前仍有效用，不需要大量的電腦資源或高水準的統計能力。只要根據經驗或個人對公司所屬行業或類型的了

解，就能估算出來。計算過程很簡單，只要選定一套公認是同行業中評量公司績效或財務狀況良好指標的比率，並依其重要性加權之後，再將所得結果加總，可得出每家公司的整體指數。

建議最好能準備多達五或六種比率，而且每種都可直接、單獨解讀。最簡單的加權平均形態是以100點爲總數，再依各項目的重要性分配於各比率中，每個比率可用百分比計算，乘以指定的加權平均值，再將所有結果加總，就能得到該指數。須切記的是，無論高百分比率是否代表公司狀況的良否，仍須參考納入此分析的其他比率。

最簡單的方式是選擇高百分比（而非低百分比）的比率，來顯示公司良好績效或財務狀況；基於這個理由，公司偏愛用股東權益／負債比，而非負債／股東權益比。

	股東權益／負債	加權平均值	指數
A	0.33	10	3.3
B	0.67	10	6.7
C	1.33	10	13.3

所得結果是，可用以比較公司的簡單綜合或多變量（multivariate）指數。參考的基準指數，以行業翹楚或採樣公司的平均值或中位數爲主。

預測倒閉

另一老掉牙建議是，切勿借錢給即將要倒閉的公司。過去50多年來預測公司倒閉的能力，向來是財務分析界的聖杯

（holy grail）。公司倒閉的前幾年通常會出現一些警訊，在一夕
間突然且出乎意料的企業倒閉案，其實並不多見。

英國勞斯萊斯（Rolls-Royce）和美國賓州中央鐵路公司
（Penn Central railway）這兩家大企業，前一天的營運與財務
狀況顯然還很不錯，不料卻在隔天倒閉，引發一股研究是否
有可能預測公司倒閉的風潮，「事後諸葛分析法」（hindsight
analysis）首見於1960年代後期，當時美國在發展多變量方法
預測公司倒閉方面已有相當進展，方法很類似前面提到的計算
信用評等指數，所不同的是，前者須藉助電腦以及使用複雜的
統計分析。

選定一套比率，並以指定的加權平均值計算，可以得到Z
分數。

$$Z = 0.012A + 0.014B + 0.033C + 0.006D + 0.010E$$

A＝淨流動資產÷總資產
B＝保留盈餘÷總資產
C＝息前稅前盈餘÷總資產
D＝市值÷總負債
E＝銷售÷總資產

Z的分數若低於1.8，顯示這家公司有可能倒閉，而得分在
3以上則表示公司的體質相當健全。將此模式用於三家取樣的
公司後，證實預測在一年內倒閉的準確率高達95%，預測在兩
年內倒閉的準確率為70%。

　　這種方法的優點是，綜合數種財務比率使其結果較不可能受到財務報表的操縱，每項比率皆可作為評估公司績效或財務狀況的相關指標，也可作為評估公司財務存續能力的指標。

　　淨流動資產（營運資金）占總資產的比重愈大，短期財務狀況就愈健全。第二項比率所使用的保留盈餘，是資產負債表中代表從盈餘中提撥再投資、供作可運用資產資金的金額，這項金額的數字愈大，公司自籌資金（self-financing）的能力就愈強。第三項比率的息前稅前盈餘，顯示公司的獲利對終端指數分數的貢獻，賺錢的公司倒閉的可能性低於不賺錢的公司。第四項比率將市值（capitalisation）納入計算程式，投資人對公司未來潛力的看法，會與總負債相權衡。此比率中的市值是上例中唯一不保證會出現在年度報告的數字。最後一項比率顯示公司運用資產創造銷貨收入的能力，資產周轉率愈高，現金在營業銷售中流通的次數就愈多，這項比率愈高，資產的生產力愈大，營業流通的現金金額就愈高。

　　自1970年代以來，已逐漸發展出日益精密與艱澀的模式，來預測公司會否倒閉。從事這類研究的人不見得準備將其發現或指數加權平均值與他人分享，然而又忽略了「簡單就好」（keep it simple）的規則，致使許多公司倒閉的預測技巧，超出一般使用者所能理解的範圍。

警告訊號

　　公司即將陷入營運困境時，可能會出現一些跡象：

- 只有一項產品。
- 只依賴一個客戶或一家供應商。
- 在所屬行業中只有一家公司的獲利有改善。
- 雇用小型且名不見經傳的審計公司。
- 董事出售股票。

致命的組合

在年度報告中找到一些令人不安的因素時，應視爲一項警訊，公司可能：

- 爲創造獲利，實施有別於其他同業的折舊政策；
- 營業現金流量爲負數；
- 進行一連串的現金增資（rights issues）；
- 負債金額持續攀升；
- 持有出售及回租協議（sale and lease-back agreement）。

綜合下列因素：

- 董事會的素質低且經驗不足；
- 非執行董事的能力薄弱；
- 之前合作的審計人員主持薪酬委員會；
- 執行長與董事長由一名作風強勢的人兼任；
- 新任命的財務主管。

結果幾乎鐵定是致命的。

比爾‧馬凱的清單

　　1970年代至1980年代的英國公司破產清算專家馬凱（Bill Mackey），以嚴肅的態度、輕鬆的口吻列出一份公司可能倒閉的指標清單：

- 專屬的勞斯萊斯車牌號碼；
- 接待區放置魚缸或噴水池；
- 旗竿；
- 女王頒獎（只在英國）；
- 董事長以服務業界爲榮；
- 業務員或工程師擔任執行長；
- 最近搬至新辦公處所；
- 不合格或年紀過大的會計師；
- 產品是市場的領導品牌；
- 合作的審計人員與公司一起成長；
- 董事長爲政治人物或知名的慈善事業人士；
- 剛宣布拿到一張阿富汗（或類似國家）的大訂單；
- 讓員工滿意，沒有罷工紀錄；
- 最近才發布一項技術突破訊息。

　　上述清單中，若你勾選至少三個項目，就要趕緊召集債權人，因爲你破產了！

第三篇

實用的參考基準

第十一章
比率分析法實例說明

　　本章旨在提供一些有用範例，說明如何運用比率分析法，以下比率盡量是以2006至2007年間成熟上市公司的財務報表資料做為計算依據，這些公司過去在所處行業中擁有持續獲利紀錄。

	零售	食品	營建	旅館	製藥
營業利益（%）					
法國	3.9	8.3	7.6	11.1	31.4
德國	6.7	1.5	8.2	3.4	49.4
義大利	—	11.3	9.3	7.8	21.3
荷蘭	6.1	2.6	9.9	11.4	21.4
英國	7.9	7.8	7.8	11.0	26.6
美國	4.9	12.3	8.5	11.4	24.8

	零售	食品	營建	旅館	製藥
稅前盈餘（%）					
法國	2.7	6.7	4.0	4.7	10.0
德國	4.0	1.4	8.4	2.8	13.7
義大利	—	5.1	8.2	9.4	20.7
荷蘭	5.7	1.9	9.7	7.7	18.7
英國	7.4	6.6	10.0	26.0	25.4
美國	4.2	9.6	6.4	9.3	26.8

	零售	食品	營建	旅館	製藥
銷售／總資產					
法國	1.7	1.4	0.9	0.7	0.8
德國	1.6	4.3	1.0	1.8	1.2
義大利	—	1.0	0.9	0.7	0.9
荷蘭	2.2	5.2	1.0	0.4	0.8
英國	1.5	1.1	1.8	0.4	0.7
美國	2.3	0.8	1.4	1.1	0.9

	零售	食品	營建	旅館	製藥
營業利益總資產報酬率（%）					
法國	6.0	9.0	6.3	7.5	25.1
德國	10.7	6.6	5.9	4.5	40.9
義大利	—	11.8	9.0	4.2	19.6
荷蘭	13.5	5.2	9.3	4.8	23.0
英國	11.8	7.5	4.1	6.5	20.2
美國	9.3	9.6	15.1	11.0	19.2

	零售	食品	營建	旅館	製藥
稅前盈餘總資產報酬率（%）					
法國	4.4	6.8	3.2	10.4	8.1
德國	6.2	5.9	5.7	5.3	17.1
義大利	—	5.1	8.2	7.1	19.3
荷蘭	12.6	4.1	8.9	3.2	18.2
英國	9.9	6.3	5.5	11.1	19.4
美國	8.2	7.4	7.7	10.0	20.8

	零售	食品	營建	旅館	製藥
營業利益淨資產報酬率（%）					
法國	11.9	12.2	9.7	13.6	32.8
德國	21.3	17.6	8.3	11.5	47.9
義大利	—	17.4	19.5	5.6	30.2
荷蘭	19.4	7.8	16.3	6.1	25.3
英國	12.3	11.1	20.2	9.6	28.4
美國	13.1	13.3	16.9	15.3	32.6

	零售	食品	營建	旅館	製藥
稅前盈餘淨資產報酬率（%）					
法國	8.6	9.2	4.9	5.1	10.2
德國	12.1	15.8	7.4	8.9	12.5
義大利	—	8.0	18.1	8.9	29.8
荷蘭	18.1	6.4	14.1	4.1	23.9
英國	11.8	9.3	28.4	12.9	24.0
美國	11.5	10.4	9.9	14.1	35.0

	零售	食品	營建	旅館	製藥
稅前盈餘股東權益報酬率（%）					
法國	19.7	18.5	17.7	6.8	46.6
德國	27.5	20.2	17.7	11.8	16.3
義大利	—	13.1	27.4	18.1	36.0
荷蘭	29.5	14.6	20.6	8.2	25.7
英國	25.1	18.4	32.2	19.2	49.9
美國	21.2	26.7	31.3	47.2	25.0

	零售	食品	營建	旅館	製藥
稅後盈餘股東權益報酬率（%）					
法國	18.6	6.7	14.1	5.2	29.9
德國	15.1	12.8	12.3	9.6	11.2
義大利	—	9.0	16.4	13.0	21.5
荷蘭	23.6	10.7	16.9	6.7	9.5
英國	17.8	13.0	23.5	21.3	35.1
美國	13.6	10.4	33.9	30.5	26.6

	零售	食品	營建	旅館	製藥
變現比率					
法國	0.5	0.6	1.0	0.9	1.3
德國	0.5	0.7	1.0	0.6	2.7
義大利	—	1.4	1.0	1.2	1.3
荷蘭	0.6	1.0	1.7	0.6	1.5
英國	0.3	0.8	0.9	1.0	1.0
美國	0.4	0.7	1.1	0.9	1.6

	零售	食品	營建	旅館	製藥
現金／流動資產（%）					
法國	21	57	20	37	18
德國	24	11	20	31	14
義大利	—	15	19	35	23
荷蘭	5	8	40	11	25
英國	25	18	22	44	12
美國	10	8	19	6	12

	零售	食品	營建	旅館	製藥
防禦期（天數）					
法國	29	19	32	70	37
德國	42	7	23	48	103
義大利	—	43	94	115	146
荷蘭	5	12	233	16	82
英國	22	23	68	156	91
美國	8	10	171	10	138

	零售	食品	營建	旅館	製藥
流動變現比（天數）					
法國	991	221	93	81	106
德國	753	225	66	278	–105
義大利	—	–551	–85	–164	–57
荷蘭	246	35	244	130	–2
英國	308	376	226	25	48
美國	704	289	–15	148	121

	零售	食品	營建	旅館	製藥
銷售／現金					
法國	26	24	13	16	18
德國	15	62	47	25	17
義大利	—	15	10	15	34
荷蘭	108	28	14	25	20
英國	29	18	7	20	28
美國	117	94	11	57	29

	零售	食品	營建	旅館	製藥
現金流量／銷售（%）					
法國	5.7	7.9	4.2	9.9	29.3
德國	3.9	6.2	9.2	6.1	11.8
義大利	—	11.9	6.7	8.9	10.0
荷蘭	7.3	4.5	10.7	7.2	21.4
英國	4.4	7.5	7.8	22.1	25.2
美國	5.7		8.1	7.8	20.2

	零售	食品	營建	旅館	製藥
淨流動資產／銷售（%）					
法國	−4.6	−1.4	5.8	−11.6	12.1
德國	−2.7	−0.2	9.8	−4.6	55.1
義大利	—	31.1	16.4	1.5	21.1
荷蘭	8.2	4.7	30.2	−10.2	15.8
英國	−4.4	1.7	43.4	2.0	12.8
美國	2.5	4.0	36.8	6.8	39.4

	零售	食品	營建	旅館	製藥
存貨周轉天數					
法國	41	38	32	13	54
德國	82	16	41	18	98
義大利	—	53	47	14	112
荷蘭	75	48	110	79	94
英國	50	43	253	4	112
美國	58	61	27	48	81

	零售	食品	營建	旅館	製藥
應收款項收款天數					
法國	21	25	104	39	80
德國	8	30	58	69	72
義大利	—	68	77	42	68
荷蘭	16	31	63	42	65
英國	23	56	57	51	68
美國	7	34	40	32	67

	零售	食品	營建	旅館	製藥
應付款項付款天數					
法國	79	60	54	25	57
德國	80	28	65	70	132
義大利	—	81	145	22	121
荷蘭	15	40	33	157	142
英國	54	50	137	172	181
美國	41	47	31	66	98

	零售	食品	營建	旅館	製藥
現金循環（天數）					
法國	−17	2	83	27	77
德國	10	19	33	18	38
義大利	—	40	−22	34	59
荷蘭	77	39	140	−36	18
英國	19	49	172	−117	−1
美國	23	47	37	14	50

	零售	食品	營建	旅館	製藥
權益／總資產（%）					
法國	23	37	22	49	13
德國	24	29	34	17	73
義大利	—	39	25	46	41
荷蘭	43	39	45	39	47
英國	43	38	33	61	52
美國	42	34	25	23	56

	零售	食品	營建	旅館	製藥
負債／總資產（%）					
法國	28	37	43	14	56
德國	25	8	26	42	13
義大利	—	31	16	19	26
荷蘭	27	30	21	40	28
英國	30	30	8	28	20
美國	30	42	25	51	22

	零售	食品	營建	旅館	製藥
流動負債／總資產（%）					
法國	49	26	35	36	31
德國	51	62	41	41	14
義大利	—	30	59	35	33
荷蘭	30	31	35	21	25
英國	28	32	59	11	28
美國	28	24	50	26	22

	零售	食品	營建	旅館	製藥
利息覆蓋率（%）					
法國	6.1	3.0	3.3	12.2	16.3
德國	6.3	7.7	9.1	3.2	19.8
義大利	—	5.5	11.9	12.2	30.4
荷蘭	10.3	2.9	8.2	2.5	21.9
英國	5.8	4.5	6.9	4.5	14.4
美國	7.5	4.8	13.9	5.9	18.4

	零售	食品	營建	旅館	製藥
銷售／員工（千美元）					
法國	400	316	460	254	270
德國	463	360	426	181	277
義大利	—	302	311	284	489
荷蘭	562	418	403	222	403
英國	147	293	701	85	514
美國	181	379	351	125	581

	零售	食品	營建	旅館	製藥
營業利益／員工（千美元）					
法國	12	27	32	29	22
德國	28	21	26	16	20
義大利	—	23	26	17	31
荷蘭	31	20	33	13	21
英國	11	23	98	18	43
美國	10	46	39	13	30

	零售	食品	營建	旅館	製藥
非流動資產／員工（千美元）					
法國	161	247	386	244	166
德國	160	121	258	193	199
義大利	—	217	165	255	191
荷蘭	138	221	229	221	172
英國	86	174	70	189	210
美國	85	205	97	156	290

詞彙表

中文	英文	法文	德文	義大利文
資產	assets	actif	Aktiva	attivitiá
資產負債表	balance sheet	bilan	Bilanz	bilancio
現金及銀行餘額	cash and bank balances	trésorerie, disponibilités, caisse	Kassenbestand Liquide Mittel	cassa e banche
銷售成本	cost of sales	coût des ventes	Herstellungskoten	costo del venduto
流動資產	current assets	actif circulant	Umlaufvermögen	attivitá correnti
流動負債	current liabilities	dettes à court terme	Kurzfristige Verbinlichkeiten	passivitá correnti
折舊	depreciation	amortissement	Abschreibung	ammortamenti
每股盈餘	earnings per share	bénéfice par action	Ergebnis je Aktie	utile per azione
繼續營運	going concern	continuité	Unternehmens-fortführung	continuitá operativa aziendale
商譽	goodwill	écart d'acquisition, survaleur	Geschäftswert	valore di avviamento

中文	英文	法文	德文	義大利文
損益表	income statement	compte de résultat	Gewinn- und Verlustrechnung	conto economico, conto profitti e perdite
無形資產	intangible assets	actif incorporel	immaterielles	attivitá immateriali
存貨	inventory	stocks	Vorräte	inventario
負債	liabilities	passif, dettes	Passiva	passivitá
非流動資產	non-current assets	actifs non courants	Langfristige Vermögensgegenstände	attivitá non correnti
獲利	profit	bénéfice	Betriebsergebnis	utile
公開發行公司	public company	Société Anonyme (SA)	Aktiengesellschaft (AG)	societa per azioni (SpA)
銷貨收入	sales revenue	ventes, produits, chiffre d'affaires	Umsatzerlöse	vendite
股東資金	shareholders' funds	capitaux propres	Eigenkapital	patrimonio netto
交易應付款項	trade payables	dettes fournisseurs	Verbindlichkeiten	altri debiti, fornitori
交易應收款項	trade receivables	créances	Forderungen	crediti

詞彙縮寫表

ADC	Average daily cost	每日平均成本
ADS	Average daily sales	每日平均銷售
AICPA	American Institute of Certified Public Accountants	美國會計師協會
ARC	Accounting Regulation Committee (EU)	會計監理委員會（歐盟）
CAPM	Capital asset pricing model	資本資產定價模式
CDO	Collateralised debt obligation	擔保債權憑證
CFROA	Cash flow return on assets	資產現金流量報酬率
CIFR	Committee on Improvement to Financial Reporting (advisory to SEC)	財報改進委員會（美國證管會顧問）
CON	Concept Statement (US GAAP)	觀念報表
CPA	Certified public accountant	註冊會計師
CSR	Corporate social responsibility	企業社會責任
DCF	Discounted cash flow	現金流量折現
DPS	Dividend per share	每股股利
EBITDA	Earnings before interest, taxation, depreciation and amortization	息前稅前折舊攤銷前的獲利

ED	Exposure draft	公開草案；徵詢意見稿
EFRAG	European Financial Reporting Advisory Group (EU)	歐洲財務報告諮詢小組（歐盟）
EPS	Earnings per share	每股盈餘
EU	European Union	歐洲聯盟
FAS	Financial Accounting Standard (US)	財務會計準則（美國）
FASB	Financial Accounting Standards Board (US)	財務會計準則委員會（美國）
FRC	Financial Reporting Council (UK)	財務報告委員會（英國）
FTE	Full-time equivalent (employees)	約當全職人數
F'VTPL	Fair-value-through-profit-and-loss (financial instruments)	按盈虧訂定公允價值
GAAP	Generally Accepted Accounting Principles	一般公認會計原則
IAASB	International Auditing and Assurance Standards Board	國際審計及認證準則理事會
IAPC	International Auditing Practices Committee	國際審計實務委員會
IAPS	International Auditing Practice Statement	國際審計實務聲明
IAS	International Accounting Standard	國際會計準則
IASB	International Accounting Standards Board	國際會計準則理事會
ICAEW	Institute of Chartered Accountants in England and Wales	英格蘭及威爾斯特許會計師公會

IFAC	International Federation of Accountants	國際會計師聯合會
IFRIC	International Financial Reporting Interpretations Committee (IASB)	國際財務報告解釋委員會（國際會計準則理事會）
IFRS	International Financial Reporting Standard	國際財務報告準則
IOSCO	International Organisation of Securities Commissions	國際證券監理機構組織
ISA	International Standard on Auditing	國際審計準則
KPI	Key performance indicator	關鍵績效指標
LLA	Limited liability agreement (auditors)	責任限制條款（審計人員）
MC	Management commentary	管理階層評論
MD&A	Management discussion and analysis	管理階層討論與分析
MOU	Memorandum of understanding (FASB and IASB)	了解備忘錄
MRP	Market risk premium	市場風險溢價
NCA	Net current assets	淨流動資產
NOA	Net operating assets	淨營業資產
NOCE	Net operating capital employed	淨營業用資本
OECD	Organisation for Economic Co-operation and Development	經濟合作發展組織
OFR	Operating and financial review	營運與財務檢討

PBIT	Profit before interest and tax	息前稅前盈餘
PCAOB	Public Company Accounting Oversight Board	公開發行公司會計監理委員會
P/E	Price/earnings ratio	本益比
PEST	Political, economic, social and technological (market analysis)	政治、經濟、社會、科技（市場分析）
Plc	Public limited company	公開有限公司／股份有限公司（英國）
PPE	Property, plant and equipment	不動產、廠房及設備（固定資產）
PTP	Pre-tax profit	稅前盈餘
PV	Present value (discounted cash flows)	現值（現金流量折現）
R&D	Research and development	研究與開發（簡稱：研發）
ROA	Return on assets	資產報酬率
ROCE	Return on capital employed	資本運用報酬率
ROE	Return on equity	股東權益報酬率
ROI	Return on investment	投資報酬率
RONA	Return on net assets	淨資產報酬率
RONOA	Return on net operating assets	淨營業資產報酬率
ROSF	Return on shareholders' funds	股東資金報酬率
ROTA	Return on total assets	總資產報酬率
ROTTA	Return on total tangible assets	總有形資產報酬率
SAC	Standards Advisory Council (IASB)	準則諮詢委員會

SBU	Strategic business unit	策略事業單位
SEC	Securities and Exchange Commission	證券管理委員會
SIP	Stock incentive plan	股票獎勵方案
SOCE	Statement of changes in equity	權益變動表
SORIE	Statement of recognised income and expense	收支認列表
SOX	Sarbanes-Oxley Act (US 2002)	沙賓法案
SPE	Special purpose entity	特殊目的實體
SPMS	Strategic performance measurement system	策略性績效評估制度
SPV	Special purpose vehicle	特殊目的機構
SWOT	Strengths, weaknesses, opportunities and threats (analysis)	優勢、劣勢、機會、威脅（分析）
TA	Total assets	總資產
TSR	Total shareholder return	股東總報酬率
WACC	Weighted average cost of capital	加權平均資金成本

Guide to Analysing Companies, 5 ed: Economist Books Series
Copyright © 2009 by Bob Vause
Published by arrangement with profile Books
Through Andrew Nurnberg Associated International Ltd
Chinese Translation Copyright © 2010 by Wealth Press
ALL RIGHTS RESERVED.

投資理財系列 127

如何分析一家公司

作　　者：鮑伯‧沃斯（Bob Vause）
譯　　者：林聰毅
總 編 輯：楊　森
副總編輯：許秀惠
主　　編：金薇華
行銷企畫：呂鈺清
發 行 部：黃坤玉、賴曉芳

出版者：財信出版有限公司／台北市中山區10444南京東路一段52號11樓
訂購服務專線：886-2-2511-1107　訂購服務傳真：886-2-2511-0185
郵政劃撥帳號：50052757財信出版有限公司　http://wealthpress.pixnet.net/blog/

製版印刷：前進彩藝股份有限公司
總經銷：聯豐書報社／台北市大同區10350重慶北路一段83巷43號／電話：886-2- 2556-9711

初版一刷：2010年6月　定價：420元
ISBN　978-986-6602-82-5
版權所有‧翻印必究　Printed in Taiwan　All rights reserved.
（若有缺頁或破損，請寄回更換）

國家圖書館出版品預行編目資料

如何分析一家公司／鮑伯‧沃斯（Bob Vause）著；
林聰毅譯.- 初版.- 台北市：財信 2010.06
　　面；　公分.-（投資理財系列；127）
　　譯自：Guide to Analysing Companies, 5 ed:
　　　　　Economist Books Series
　ISBN　978-986-6602-82-5（平裝）

　1. 財務管理　2. 財務分析

494.7　　　　　　　　　　　　　　99003165